AF332416

VOYAGE BOTANIQUE

LE LONG

DES COTES SEPTENTRIONALES

DE LA NORVÉGE,

DEPUIS DRONTHEIM JUSQU'AU CAP NORD,

PAR CH. MARTINS,

MEMBRE DE LA COMMISSION DU NORD ET PROFESSEUR AGRÉGÉ D'HISTOIRE NATURELLE
A LA FACULTÉ DE MÉDECINE DE PARIS.

(Extrait des Voyages en Scandinavie et au Spitzberg de la Corvette *la Recherche.*)

GÉOGRAPHIE BOTANIQUE.

VOYAGE BOTANIQUE

LE LONG DES COTES SEPTENTRIONALES DE LA NORVÉGE,

DE DRONTHEIM AU CAP NORD.

PAR CH. MARTINS.

Le 10 juin 1838, la corvette *la Recherche* s'apprêtait à quitter le Havre, pour accomplir son premier voyage dans la mer Glaciale. La température des mois de mars, d'avril et de mai, ayant été presque toujours au-dessous de la moyenne dans le nord de la France, la végétation était sensiblement retardée. Cependant, aux environs de la ville, les Pommiers et les Poiriers avaient déjà noué leurs fruits. Le Chèvre-feuille, le Cytise, le Trèfle, les Pois, les Fèves et la Navette étaient en pleine floraison, de même que : *Ranunculus acris*, *R. bulbosus*, *R. sceleratus*, *Carduus tenuiflorus*, *Anagallis arvensis*, *Trifolium repens*, *Lycopsis arvensis*, *Scandix pecten-Veneris*, *Linaria cymballaria*, *Stellaria graminea*, *Medicago maculata*, *Symphytum officinale*, et *Plantago media*; mais les Tilleuls n'étaient point encore fleuris, et d'autres plantes plus précoces encore n'avaient que des boutons ; tels étaient : *Conium maculatum*, *Achillœa millefolium*, *Marrubium vulgare*, *Salvia pratensis*, et *Reseda luteola*.

Le 28 juin, nous arrivâmes à Drontheim (63°26′ lat. N.; 8°3′ long. E.), sur la côte occidentale de la Norvége. En débarquant, je fus surpris de voir, dans les jardins de la ville, des Cerisiers portant des fruits gros comme des pois. Les Lilas, le Sorbier des oiseleurs, le Cassis (*Ribes nigrum*), l'*Iris germanica*, le *Trollius europœus* étaient couverts de fleurs épanouies. Mon étonnement cessa lorsque j'appris que le printemps avait été très-beau, et la chaleur qui régnait alors confirmait cette assertion. En effet, la température moyenne des cinq jours que la corvette passa à Drontheim, est, d'après les observations bihoraires faites à bord [1], de 15,4. A Paris, à une latitude plus méridionale de 14° 36′, cette même température moyenne, calculée par la méthode de Kaemtz [2], a été de 15°,7, et supérieure par conséquent de 0°,3 seulement à celle de Drontheim.

Grâce à ce printemps favorable, j'ai pu recueillir autour de la ville un grand nombre de plantes, qui ordinairement ne sont pas en fleur à cette époque de l'année. Mais avant de parcourir les environs de Drontheim je jetai un coup d'œil sur les plantations

---

[1] Voy. la météorologie de cet ouvrage, p. 20 et suiv.

[2] *Cours complet de Météorologie*, traduction française, p. 22.

des promenades et j'examinai les végétaux cultivés dans les jardins. Dans ces régions boréales, le goût de l'horticulture étant très-répandu, il devient intéressant de comparer les limites extrêmes auxquelles les Suédois et les Norvégiens ont pu pousser la culture des plantes d'agrément et des arbres fruitiers sur les côtes occidentales et orientales de la presqu'île scandinave. En effet, à latitude égale, le climat est beaucoup plus rigoureux sur les bords du golfe de Bothnie que sur les côtes de la mer du Nord. Celui de Drontheim n'est pas très-bien connu ; cependant on sait que la température moyenne de l'année est de 4°,25 ; celle de l'hiver de — 4°,75 ; celle de l'été de 15°,0.

Les éléments thermiques du climat d'Umeå (lat. 63° 49′ N. ; long. 17° 57′ E.), déduits des vingt-trois années d'observations[1], sont les suivants :

	de l'année	2°1
	de l'hiver	—10,2
TEMPÉRATURE	du printemps	0,6
MOYENNE A	de l'été.............	14,1
UMEÅ :	de l'automne	3,1
	de janvier...........	—11,3
	de juillet	16,2

On voit que si les étés sont presque aussi chauds dans une ville que dans l'autre, les températures moyennes de l'hiver et de l'année sont fort différentes. A Drontheim, l'excès de la température de l'été sur celle de l'hiver est de 19°,75 ; elle est de 24°,3 à Umeå.

---

[1] Kaemtz, *Cours complet de Météorologie*, traduct. franç., p. 177.

La première de ces villes a donc un climat égal ou marin, la seconde un climat excessif ou continental. Cet antagonisme s'explique aisément si l'on a égard aux positions géographiques des deux villes et aux conséquences météorologiques qui en résultent. Drontheim est situé au fond d'un golfe profond, près de la mer du Nord dont les eaux sont sans cesse réchauffées par le *Gulfstream*, grand courant tropical qui prend sa source dans le golfe du Mexique et vient baigner les côtes de la Norvége après avoir contourné l'extrémité septentrionale de l'Écosse. Les vents du sud-ouest qui règnent habituellement sur ces côtes entraînent vers l'intérieur des terres les brumes de l'Océan. Pendant la belle saison, grâce à l'élévation de la température de l'air, ces brumes se dissolvent souvent et n'interceptent pas le passage des rayons solaires qui peuvent échauffer le sol et la couche d'air qui est en contact avec lui. Néanmoins, même dans le fort de l'été, alors que le soleil est presque toujours sur l'horizon, le ciel se couvre souvent de nuages et l'atmosphère se charge de vapeurs qui se résolvent en pluies douces mais continues. De là une température estivale plus basse qu'elle ne l'est quand on s'avance vers l'orient dans le continent européen, en suivant toujours le même parallèle. De là une nouvelle confirmation de la loi découverte par M. de Humboldt [1], que les *isothères* s'élèvent vers le pôle à mesure qu'elles occupent des méridiens plus orientaux.

En hiver, les conséquences de la situation géogra-

---

[1] *Mém. de la société d'Arcueil*, t. III, p. 533.

phique de Drontheim sont très-différentes : la mer, le vent, les nuages et la pluie conspirent pour échauffer le sol et l'atmosphère. La mer, en baignant les côtes de ses eaux, dont la température est supérieure à celle de l'air, contre-balance l'effet réfrigérant de l'air sur le sol. Les vents, qui soufflent presque toujours du sud ou du sud-ouest , participent et de la température de la mer et de celle des régions tempérées qu'ils viennent de parcourir[1]. Les nuages qu'ils amènent, arrêtés mécaniquement par la chaîne des Alpes scandinaves, retombent sous forme de pluie ou s'opposent par leur présence au rayonnement nocturne de la terre. Ils lui forment comme un vêtement qui l'empêche de perdre pendant les nuits sereines une partie de la faible chaleur qui lui a été communiquée pendant le jour par les rayons obliques du soleil boréal.

Les vents froids d'est et de nord-est sont arrêtés par de hautes montagnes et viennent bien rarement dissiper les nuages et refroidir de leur souffle glacé l'atmosphère humide de la côte norvégienne. Aussi, n'est - il point, à latitude égale, de pays où il pleuve plus souvent et où la quantité de pluie soit plus considérable. Ainsi à Bergen, situé à trois degrés au sud et à cinq à l'ouest de Drontheim, par lat. 60° 24′ N., long. 8° 3′ E., la quantité annuelle de pluie est, d'après vingt-cinq années d'observations[2], de 2^m,24 par an, tandis qu'à Upsal, situé à peu près sous le même parallèle, mais à douze degrés lon-

---

[1] Schouw, *Beytraege zur vergleichenden Climatologie*, p. 77.

[2] Kaemtz, *Lehrbuch der Meteorologie*, t. I, p. 465 et 466.

gitudinaux dans l'est, sur les bords du golfe de Bothnie, elle n'est que de $0^m,44$, ou un cinquième seulement de la quantité qui tombe à Bergen.

Cherchons maintenant à nous rendre compte des
causes qui impriment au climat d'Umeå et à celui de la
côte orientale de la Scandinavie un caractère si opposé à celui des côtes occidentales de cette grande
péninsule. Sur les bords du golfe de Bothnie les vents
de sud, de sud-ouest et de nord, sont les vents régnants ; mais ceux d'ouest, de nord-ouest et de sud-
ouest n'y arrivent qu'après avoir traversé la Norvége
et s'être déchargés au contact des larges plateaux de
la chaîne scandinave de la vapeur d'eau dont ils
étaient imprégnés. Ainsi, tandis que le vent de sud-
ouest accumule incessamment les nuages qui se résolvent en pluie au fond des fiords de la Norvége, le
plus beau ciel règne en Suède, et ce ne sont point les
vents occidentaux, mais les vents d'est, qui amènent
le plus souvent la pluie. En été, les rayons solaires
peuvent donc échauffer fortement l'air et le sol. Les
nuits étant très-courtes, la terre ne perd point la chaleur qu'elle a acquise pendant le jour, et nous trouvons, à latitude égale, des étés aussi chauds, et même
plus chauds, qu'à l'occident des Alpes scandinaves. La
température de l'automne s'en ressent, et au lieu d'être
sensiblement égale à celle du printemps, comme dans
la plupart des pays, elle est $2°,5$ plus élevée. En
hiver les mêmes vents produisent un effet contraire.
L'atmosphère restant sereine, le sol perd par rayonnement, pendant les longues nuits de ces contrées

boréales, une quantité de chaleur bien plus considérable que celle qu'il a acquise pendant le jour. De là une cause de refroidissement continuelle à laquelle vient s'ajouter la température propre des vents dont nous parlons. En effet, rien n'arrête la violence, rien n'élève la température des vents d'est et de nord-est qui ont traversé les plaines glacées de la Sibérie, et les vents d'ouest et de sud-ouest, quand ils descendent vers les bords du golfe de Bothnie, se sont refroidis au contact des neiges qui recouvrent les Alpes scandinaves. De là ces froids épouvantables qui règnent tout le long du golfe de Bothnie. Souvent cette méditerranée, dont les eaux ne sont point réchauffées par celles du *Gulfstream*, gèle sur toute son étendue, et à Tornéå (lat. 65°51′ N., long. 21° 52′ E.) il n'est pas rare de voir le mercure à l'état solide, phénomène inconnu ou fort rare au cap Nord (lat. 71° 10′ N., long. 23° 30′ E.). Nous ne nous étonnerons donc plus de trouver que la moyenne des hivers d'Umeå soit de 5°,45 au-dessous de celle des hivers de Drontheim, tandis que la température des étés est sensiblement la même.

En résumé, tout à Drontheim tend à égaliser les températures des saisons extrêmes, à Umeå tout conspire au résultat opposé. De là l'antagonisme des deux climats et la différence dans la végétation naturelle et artificielle des deux pays. C'est l'étude de cette dernière qui va nous occuper en premier lieu.

§ Ier.

ARBRES ET ARBRISSEAUX CULTIVÉS A DRONTHEIM.

Lat. 63° 26′ N.; long. 8° 3′ E.

L'arbre le plus commun dans les jardins et dans les rues de la ville, c'est le Sorbier des Oiseleurs (*Sorbus aucuparia L.*). Il acquiert de fort belles dimensions : ainsi l'un d'eux avait 0^m,51 de diamètre au niveau du sol; à 2^m,45 il se divisait en trois fortes branches, et sa hauteur totale était de sept mètres environ.

Dans une des rues de la ville, je remarquai quatre Chênes (*Quercus robur* L.); l'un d'eux avait 0^m,9 de diamètre, à un mètre et demi au-dessus de la surface du sol. Sa hauteur totale était de quinze mètres. Un autre avait 0^m,72 de diamètre à un mètre de hauteur et onze mètres d'élévation. Toutefois on voyait que cet arbre souffrait du froid, car les extrémités des jeunes branches étaient mortes. Vingt ans auparavant, M. de Buch avait fait les mêmes observations [1]. Aussi, sur la côte occidentale de la Norvége, la limite latitudinale naturelle du Chêne est-elle à un demi-degré au Sud de Drontheim. M. Lindbolm [2] la place sous le 63e, entre Molde et Christiansund. Dans la partie orientale de la presqu'île scandinave, en Dalécarlie, par exemple, elle descend jusqu'à 60° 12′; mais, ainsi que je l'ai

---

[1] *Reise durch Norwegen und Lappland*, t. I, p. 239.

[2] *In geographicam plantarum intra Sueciam distributionem adnotata*, p. 87.

déjà dit p. 68, j'ai vu un Chêne dans un jardin de Hu-
dikswall, sur les bords du golfe de Bothnie, par 61°44′
de latitude. En réunissant ces données, je trouve que
la limite *artificielle* du Chêne est à 61° 44′ sur la côte
orientale et à 63° 26′ sur la côte occidentale de la Scandinavie [1].

Le Frêne (*Fraxinus excelsior L.*) est un arbre plus ro-
buste, mais qui acquiert des dimensions moins con-
sidérables que le Chêne. Cependant, j'en vis un qui
avait 0^m,68 de diamètre à sa base, et 0^m,52 à trois
mètres au-dessus de la surface du sol. En Suède, c'est
à Söderham (lat. 61° 18′), sur les bords du golfe de
Bothnie, que j'ai remarqué les derniers Frênes. Ils'formaient une belle allée, et quelques-uns s'élevaient
jusqu'à quinze mètres de hauteur.

Le Tilleul (*Tilia microphylla* Wild.) peut vivre à
Drontheim. J'en trouvai un dans la ville, mais on l'avait
étêté, parce que ses branches étaient mortes. Le diamètre de son tronc était de 0^m,86 à la base. Sur la côte
orientale de la presqu'île scandinave, je n'ai point vu
cet arbre au nord de Hernoesand (lat. 62° 38′). Les
deux individus que j'ai observés dans cette ville avec
M. Bravais, étaient plantés dans un jardin, et avaient
environ six mètres de haut.

Le Peuplier Baumier (*Populus balsamifera* L.) de
l'Amérique du Nord se naturalise aussi facilement à
Drontheim que le Peuplier de la Caroline (*P. Virginiana* Desf.) dans les environs de Paris, et il ne paraît

---

[1] Je tiens de M. Fries que sur les côtes de Finlande le Chêne
s'avance jusqu'à Uleåborg (lat. 65° N. ; long. 23° E.)

nullement souffrir du froid. En Suède, il prospère aussi très-bien sous le rigoureux climat d'Hernoesand. Dans les environs de Drontheim, j'ai encore remarqué un Marronnier d'Inde (*Æsculus hippocastanum* L.) qui devait être déjà fort vieux, puisque son tronc avait o^m,56 de diamètre à la base. En Suède cet arbre supporte encore très-bien le climat d'Upsal (lat. 59° 52′ N.).

Le Lilas commun (*Syringa vulgaris* L.) fleurit dans tous les jardins de Drontheim et des environs; il y acquiert même les dimensions d'un petit arbre; preuve que le froid n'est pas assez intense pour faire périr le tronc; mais sur tous ceux que j'ai observés, une partie des jeunes branches avait été gelée. M. Lessing a encore vu des Lilas en fleur [1] dans l'île de Thiötöe (lat. 65° 46′) le 28 juin 1830. Ce point est, je pense, la limite septentrionale de cet arbuste sur la côte norvégienne. Sur la côte orientale, ou suédoise, j'ai rencontré les derniers Lilas dans le jardin du Gästgivard de Skeleftea (lat. 64° 35′, long. 18° 35′ E.). Ils avaient deux mètres de haut, et ne portaient ni de fleurs ni fruits. Les nombreux Lichens qui couvraient leur écorce me firent penser qu'ils devaient être fort vieux. A Umeå (lat. 63° 49′ N., long. 17° 57′ E.), il y avait des Lilas hauts de quatre à cinq mètres dans tous les jardins; leurs thyrses étaient assez maigres, et la plupart des fruits avaient avorté.

Tous les arbres à fruits, le Cerisier excepté, ne peuvent être cultivés qu'en espaliers dans les jardins de Drontheim; même dans les expositions les plus

---

[1] *Reise nach den Loffoden*, p. 41.

favorables, les pommes, les poires et les prunes ne mûrissent pas tous les ans. Sur la côte orientale, c'est à Sundswall (lat. 62° 23′, long. 14° 56′ E.) que j'ai trouvé les derniers arbres fruitiers; mais sur la côte occidentale les fruits à pepins seuls ne dépassent pas Drontheim, car le Cerisier donne encore des fruits mûrs dans cette même île de Thiötöe où Lessing a vu fleurir les derniers Lilas.

§ II.

VÉGÉTAUX CULTIVÉS A UMEÅ.

Lat. 63° 40 N.; long. 17° 57′ E.

La ville suédoise d'Umeå est sous le même parallèle que Drontheim; mais, comme nous l'avons déjà vu, sa température moyenne est plus basse, et les hivers y sont plus rigoureux. Cela tient à ce qu'elle est située à 9° 54′ à l'est de Drontheim, sur les bords du golfe de Bothnie et loin de la mer du Nord, dont les eaux sont sans cesse réchauffées par les courants tropicaux. On ne parcourra donc pas sans intérêt la liste suivante qui contient les noms des végétaux cultivés en plein air à Umeå, dans les jardins de MM. Plageman et Linder, habiles horticulteurs de cette ville [1]. Elle montre combien les hivers d'Umeå sont hostiles à la végétation, puisqu'ils font périr tous les arbres fruitiers, les Pommiers exceptés. On cher-

---

[1] *Archiv Scandinavischer Beytraege zur Naturgeschichte*, t. I, p. 313; 1845.

cherait vainement dans les environs de cette ville certaines plantes que nous sommes habitués à considérer comme assez robustes, telles que l'Orme, l'Érable faux-Platane, *Rhamnus catharticus*, *Senecio jacobœa*, *Tragopogon pratense*, *Barbarea vulgaris*, *Pulmonaria officinalis*, *Trifolium arvense*, *Hypericum perforatum*, *Veronica anagallis*, *Melampyrum nemorosum*, etc., etc. Mais, grâce à la chaleur des étés, on peut y élever un très-grand nombre de plantes annuelles et vivaces appartenant aux climats tempérés.

La première colonne de cette liste renferme les noms, rangés par ordre alphabétique, des végétaux ligneux, vivaces et annuels cultivés dans ces jardins en 1843. L'indication des mois pendant lesquels ces végétaux ont fleuri se trouve dans la seconde colonne. Ceux dont le nom est suivi d'un astérisque ne fleurissent pas, ou du moins n'ont pas encore fleuri.

LISTE DES VÉGÉTAUX CULTIVÉS EN PLEIN AIR A UMEÅ,

Lat. 63° 49′ N.; long. 17° 57′ E.

I. *Arbres et arbustes.*

NOMS DES VÉGÉTAUX.	ÉPOQUE DE LEUR FLORAISON.	NOMS DES VÉGÉTAUX.	ÉPOQUE DE LEUR FLORAISON.
Acer platanoïdes	»	Ribes uva-crispa	Mai.
Berberis vulgaris	Juin.	Robinia carangana	Juin.
Corylus avellana	»	Rosa canina	Juillet.
Lonicera periclymenum	Juin.	— centifolia	Id.
Populus balsamifera	»	— alba	Id.
Pyrus malus	»	— pimpinellifolia	Juin.
— baccata	Mai.	Sambucus nigra	Id.
Ribes aureum	»	Spiræa salicifolia	Juillet.
— nigrum	Mai.	Syringa vulgaris	Juin.
— rubrum	Id.		

II. *Plantes vivaces.*

NOMS DES VÉGÉTAUX.	ÉPOQUE DE LEUR FLORAISON.	NOMS DES VÉGÉTAUX.	ÉPOQUE DE LEUR FLORAISON.
Achillæa magna	Juillet.	— pseudaçorus	»
— ptarmica	Juin.	Lilium bulbiferum	Juin.
Aconitum napellus	Juillet.	— martagon	Juillet.
Agrostemma coronaria	Id.	— candidum	Août.
— flos-Jovis	Août.	— croceum	Id.
Aquilegia canadensis	Juin.	Linum perenne	Id.
— vulgaris	Id.	Lupinus polyphyllus	Juillet.
— speciosa	Id.	Lychnis calcedonica	Août.
Artemisia abrotanum	Août.	Malva alcea	Id.
Astrantia major	Juillet.	Malva sylvestris	Id.
Bellis perennis	Juin.	Myosotis scorpioïdes	Tout l'été.
Centaurea dealbata	»	Oenothera fruticosa	Juillet.
— macrocephala	»	Oxalis esculenta	Août.
Colchicum automnale	»	Pæonia officinalis	Juin.
Delphinium elatum	Juillet.	Papaver bracteatum	Juillet.
Dianthus barbatus	Id.	— nudicaüle	Juin.
— chinensis	Id.	Potentilla atrosanguinea	Id.
— caryophyllus	Id.	— pilosa	Juillet.
— plumarius	Tout l'été.	Polemonium cæruleum	Id.
Digitalis aurea	»	— gracile	Id.
Hemerocallis fulva	Août.	Primula acaulis	Id.
Hesperis matronalis	Mai.	— elatior	Mai.
— tristis	Juin.	— veris	Id.
Hyacinthus botryoïdes	Id.	— auricula	Id.
Iris germanica	Mai et juin.	Ranunculus repens	Juin.
Iris graminifolia	?	Rubus arcticus	Id.

NOMS DES VÉGÉTAUX.	ÉPOQUE DE LEUR FLORAISON.	NOMS DES VÉGÉTAUX.	ÉPOQUE DE LEUR FLORAISON.
Rubus odoratus.......	Septembre.	Scabiosa caucasica.....	»
Salvia Tenorii.........	Juillet.	Stenactis speciosa......	Septembre
Saussurea pulchella....	Septembre.	Viola tricolor..........	Juin.

III. *Plantes annuelles.*

NOMS DES VÉGÉTAUX.	ÉPOQUE DE LEUR FLORAISON.	NOMS DES VÉGÉTAUX.	ÉPOQUE DE LEUR FLORAISON.
Amaranthus caudatus..	Septembre.	Lathyrus odoratus.....	Août.
— monstruosus.	Août.	Lavatera trimestris.....	Id.
Anagallis latifolia......	Tout l'été.	Limnanthes Douglasii..	Juillet.
Anoda Dilleniana.......	Août.	Linaria bipartita.......	Id.
Aster chinensis........	Juillet.	Lobelia erinus.........	Août.
— ténellus.........	Id.	Lupinus mutabilis.....	Id.
Astragalus bælicus.....	Août.	— hirsutus......	Id.
Briza maxima..........	Id.	— luteus........	Id.
Cacalia sonchifolia.....	Juillet.	Malope grandiflora....	Id-
Calendula officinalis...	Août.	— trifida........	Juillet.
— pluvialis....	Id.	Malva mauritiana......	Id.
Centaurea cyanus......	Juillet.	Nemophila atomaria...	Août.
— moschata....	Id.	— insignis....	Juillet.
— suaveolens...	Id.	Nicandra physaloïdes..	Septembre.
Cerinthe minor........	Tout l'été.	Nigella damascena.....	Août.
Cheiranthus annuus...	Août.	Nicotiana alata........	Septembre.
Clarkia elegans........	Juillet.	Nolana atriplicifolia....	Août.
— pulchella......	Id.	Oxyura chrysanthemoï-	
Collinsia bicolor.......	Id.	des	Juillet.
Collomia coccinea......	Août.	Papaver rhæas........	Id.
Convolvulus tricolor...	Id.	— somniferum...	Août.
Coreopsis tinctoria.....	Juillet.	Phacelia tanacetifolia..	Id.
— Drumondi...	Id.	Prismatocarpus specul.	Juillet.
Datura tatula..........	Septembre.	Rudbeckia amplexicaul.	Septembre.
Dracocephalum molda-		Scabiosa atropurpurea.	Id.
vicum..............	Août.	Senecio elegans........	Août.
Echium violaceum.....	Id.	Schizanthus pinnatus..	Id.
Erodium moschatum...	Juin.	Silene armeria.........	Juillet.
Erysimum Perofskian..	Août.	— noctiflora.......	Id.
Escholtzia pallida......	Juillet.	— ornata..........	Id.
Eutoca Wrangeliana...	Id.	— pendula.........	Juin.
Gilia achillæifolia.....	Id.	Tagetes erecta.........	Août.
— tricolor.........	Id.	— patula........	Id.
Godetia lepida.........	Août.	Tolpis barbata........	Juillet.
— Romanzowii...	Id.	Trifolium incarnatum..	Id.
— rubicunda.....	Id.	Tropæolum atrosangui-	
Gypsophila elegans.....	Id.	neum..............	Id.
Helianthus annuus.....	Septembre.	Zinnia elegans........	»

§ III.

VÉGÉTAUX CULTIVÉS A UPSAL ET A STOCKHOLM.

Pour compléter ce parallèle de l'horticulture et principalement de l'arboriculture dans les régions moyennes de la presqu'île scandinave, savoir entre le 56ᵉ et le 64ᵉ de latitude, j'ajouterai ici la liste des arbres remarquables que j'ai vus dans les deux jardins botaniques d'Upsal, et dans celui de l'école d'horticulture (*Bergianska trägarden schola*) de Stockholm.

JARDINS BOTANIQUES D'UPSAL.

Lat. 59° 52′ N.; long. 15° 18′ E.

Il en existe deux : l'ancien, dont Linné fut le directeur, a été converti en promenade ; les arbres seuls sont restés. Le nouveau est en dehors de la ville, au pied de la colline qui porte le château d'Upsal. Nous les visitâmes le 22 octobre 1839, M. Bravais et moi, avec le vénérable Wahlenberg, qui voulut bien nous servir de guide et répondre à toutes nos questions sur des contrées illustrées par les voyages de Linné et par les siens. Les arbres et arbustes qui nous frappèrent le plus sont les suivants : un Hêtre de cinq mètres de haut, mais qui végète sans s'accroître ; les Frênes dont il a été question p. 65 et 97 ; un beau *Juglans cinerea L.*; un *Prunus mahaleb* L., qui repoussait du tronc ; le *Prunus serotina* Roth., haut de quatre mètres ; *Pinus strobus* L. et *Larix europæa* D. C., de quinze mètres de haut. Toutefois, les graines de ce dernier arbre ne mûrissent pas. A Upsal, le *Populus dilatata* Ait. remplace le Peuplier d'Italie de nos jardins. Les *Populus nigra* L. et *Acer pseudo-platanus* L. y acquièrent les plus belles dimensions, ainsi que le *Sorbus aucuparia* L. et le *Populus tremula* L., dont le Wermeland paraît être la véritable patrie. La promenade de la ville est plantée de marronniers d'Inde, qui ne paraissent pas souffrir du froid. Le Charme (*Carpinus betulus* L.), le Mûrier blanc et le *Thuya occidentalis* L. végétaient misérablement.

Les haies nombreuses destinées à abriter les végétaux herbacés sont faites avec le *Cratægus coccinea* W. et le *Carangana sibirica* Roy, qui viennent très-bien. Parmi les arbustes, je notai : *Viburnum lantana* L., *Cornus alba* L., *Berberis vulgaris* L., *B. emarginata* W., *B. sibirica* Pall., *Philadelphus coronarius* L., *Amygdalus nana* L., *Clematis erecta* L., *Buxus sempervirens* L. et *Potentilla fruticosa* L. Cet arbrisseau est indigène dans l'île d'Oland, comprise entre 56° 10′ et 57° 22′ de lat. Nord. La Potentille en arbre couvre ses escarpements calcaires ainsi que l'*Artemisia rupestris* L. et un grand nombre de plantes inconnues sur la côte suédoise [1], autour de la ville de Calmar, dont l'île est éloignée d'un myriamètre environ. Les

---

[1] Ex. *Ranunculus illyricus* L., *Thlaspi perfoliatum* L., *Helianthemum œlandicum* DC., *Viola elatior* Fr., *Oxytropis campestris* DC., *Artemisia laciniata* Wild., *Kochia hirsuta* Nolte., *Ulmus effusa* Wild., *Carex obtusata* Liljeb. et *C. nutans* Host. (Lindbolm, l. c. p. 77).

grands végétaux herbacés qui frappèrent nos yeux sont : *Helianthus tuberosus* L., *Echinops strictus* Fisch., *Scabiosa tatarica* L., *Pæonia tenuifolia* L., *Euphorbia procera* Bbrst., *Aster novi-Belgii* Wild. Puis, parmi les végétaux plus humbles, *Heliotropium europæum* L., *Plumbago micrantha* Ledeb., *Eryngium planum* L., *Physalis alkekingi* L., *Reseda odorata* L., *Epimedium alpinum* L., *Convallaria racemosa* Arrab. et *Asarum europæum* L. Cette dernière plante avait envahi une partie des bosquets du nouveau jardin botanique. On ne s'en étonnera pas quand on saura qu'elle est sauvage en Scanie, la province la plus méridionale de la Suède.

Ces végétaux vivent sous un climat très-âpre. Dans la plaine découverte où Upsal est situé, les vents soufflent avec une impétuosité extrême ; ceux du nord-est et de l'est surtout arrivent en droite ligne des déserts glacés de la Sibérie, sans se réchauffer en passant sur le golfe de Bothnie, qui souvent gèle complétement en hiver. Aussi, toutes les plantes, celles du pays exceptées, ne peuvent-elles végéter qu'à l'abri des murs, des haies et des massifs d'arbres. Ces vents violents sont le grand obstacle que ce climat oppose à l'horticulteur : ils contre-balancent ou même annulent l'influence de la température, qui est plus élevée qu'à Drontheim, Upsal étant situé à 3° 34′ plus au sud. Voici les moyennes annuelles et saisonnières d'Upsal, déduites de vingt-sept ans d'observations : celle de la terre à la surface y est de 6°,5 [1] :

(1) Kaemtz, *Cours complet de Météorologie*, traduction française, p. 176.

	de l'année......	5°, 2
	de l'hiver.......	—3 , 7
Température **moyenne** **a Upsal.**	du printemps....	3 , 4
	de l'été........	15 , 1
	de l'automne....	6 , 2
	de janvier......	—4 , 9
	de juillet.......	16 , 3

On voit que les moyennes de l'année et de l'hiver sont plus élevées d'un degré à Upsal qu'à Drontheim. Celles des étés sont sensiblement égales; mais la grande mer qui avoisine Drontheim, les montagnes qui le protégent à l'est, la côte accidentée qui le sépare du large et brise la violence des vents de S.-O., les collines qui le dominent immédiatement, compensent ces différences et égalisent les climats physiologiques de ces deux villes.

ÉCOLE D'HORTICULTURE DE STOCKHOLM.

Lat. 59° 21ʹ N. Long. 15° 43ʹ E.

Ce beau jardin, destiné à des essais de naturalisation, est sous la direction du professeur Wickstroem, qui a bien voulu me le montrer en détail, le 5 novembre; mais avant de passer en revue les végétaux qu'il renferme, je dois donner ici les éléments du climat de Stockholm. Moins âpre que celui d'Upsal, il est cependant encore rigoureux, comme le prouvent les chiffres suivants, déduits de soixante-cinq années d'observations (1).

(1) Kaemtz, *Cours complet de météorologie*, p. 175.

II. 6ᵉ DIV. — *Géographie botanique.*   3

<table>
<tr><td rowspan="7">TEMPÉRATURE

MOYENNE

A STOCKHOLM.</td><td>de l'année........</td><td>5°, 6</td></tr>
<tr><td>de l'hiver........</td><td>—3 , 6</td></tr>
<tr><td>du printemps....</td><td>3 , 5</td></tr>
<tr><td>de l'été.........</td><td>16 , 1</td></tr>
<tr><td>de l'automne....</td><td>6 , 5</td></tr>
<tr><td>de janvier........</td><td>—4 , 5</td></tr>
<tr><td>de juillet........</td><td>17 , 6</td></tr>
</table>

Voici quelques autres données numériques dues à Erenheim (1), qui a dépouillé les observations faites de 1747 à 1822.

La température la plus basse a été observée le 20 janvier 1814. Le thermomètre descendit à —32°. On a ensuite noté le froid du 27 janvier 1809, qui fut de —31°, et celui du 7 février 1805, où le thermomètre marqua —30°.

L'hiver de 1709 fut si long et si rigoureux, qu'il y avait encore de la glace autour de Stochkolm au mois de juin. En 1784, le lac Mälar ne fut libre de glaçons que le 18 mai, tandis qu'il est navigable le plus souvent au commencement de ce mois. Quelquefois les hivers sont assez doux. Dans celui de 1819, le minimum (13 mars) fut de —9°. En 1821 et 1822, le froid ne fut pas plus intense. En 1791, le minimum fut observé le 19 décembre, il était de —14°, et en 1750, la température ne s'abaissa pas au-dessous de —5°—15°. Ce minimum fut noté le 2 février.

Les plus fortes chaleurs ont été éprouvées aux époques suivantes :

(1) Wickstroem , *Ofversigt af Stockholms traktens natur Beskaffenhet* , p. 52.

Le 3 juillet 1811......... 36°
Le 11 juillet 1799......... 35°
Le 8 août 1767 .. ⎫
Le 12 août 1781. ⎭ ...... 31°

Pendant la période de soixante-seize ans, étudiée par Erenheim, il y a eu 33 hivers moyens, 11 hivers doux et 11 hivers très-rudes; ce sont ceux des années 1809, 1789, 1805 et 1814. Dans le même intervalle, on a compté treize étés chauds et sept très-chauds, savoir : 1775, 1789, 1811, 1783, 1798, 1819 et 1808.

Du milieu de juin au milieu d'août, les gelées sont rares. Cependant on a vu les jeunes pousses en souffrir au commencement de juin. Les effets du rayonnement nocturne se font surtout sentir au milieu de septembre.

Le sol gèle au milieu ou à la fin de novembre, quelquefois seulement en décembre. En 1819, il était gelé le 14 octobre. A cette même époque, on voit ordinairement tomber les premières neiges. Le 13 octobre 1838, la terre se couvrit d'une épaisse couche de neige, accompagnée d'un froid nocturne très-intense.

La température de la terre a été étudiée par le professeur Rudberg, dans le voisinage de l'Observatoire, de juin 1833 à juin 1834. Il a trouvé, au moyen de thermomètres enfoncés à 0,3, 0^m,6 et 0,9, que la température moyenne de la surface du sol était de 6°,61.

Les vents régnants soufflent de l'ouest et du sud. Ceux de l'est et du N.-E. amènent la pluie; ceux de l'ouest et du N.-O. sont les plus secs.

Pour mettre de l'ordre dans mon énumération, je diviserai les nombreux arbres et arbustes de l'école d'horticulture, en arbres et arbustes d'agrément et en arbres fruitiers. Examinons d'abord les premiers, en y joignant les remarques du savant botaniste qui nous accompagnait.

Les arbres qui supportent le mieux le climat de Stockholm sont : *Abies pectinata* D. C., *Pinus strobus* L., *P. canadensis* Ait., *Fraxinus excelsior* L., *Betula incana* L. f., *Populus canescens* D. C., *P. nivea* Wild., *P. virginiana* Desf., *Sorbus hybrida* L., *S. scandica* Fr., espèce voisine du *S. aria* Crantz, mais particulière à la Suède ; *Juglans cinerea* L., *Prunus mahaleb* L., *P. rubra* Wild., *Ulmus effusa* Borckh., *Acer saccharinum* L., *A. pseudo-platanus* L., *A. tataricum* L., *A. campestre* L., *Sorbus aria*. Ces deux derniers arbres sont spontanés en Scanie ; cependant les graines de l'Érable champêtre ne mûrissent pas à Stochkolm, et l'Érable à sucre n'y a jamais fleuri depuis vingt ans qu'il est planté, de même que l'*Acer dasycarpum* Wild. L'*Ulmus effusa* et le *Sorbus hybrida* se trouvent à l'état sauvage dans l'île d'Oland. Le Hêtre (*Fagus sylvatica* L.) vient assez bien ; celui de l'école d'horticulture avait quinze ans et huit mètres de haut. Le Charme (*Carpinus betulus* L.), dont la limite septentrionale est dans la province de Småland, sous le 57e parallèle, paraissait souffrant. Il en est de même du *Robinia pseudo-acacia* L., qui n'avait fleuri qu'une seule fois. Le *R. viscosa* Vent. réussit mieux ; le *R. hispida* L. ne résiste pas aux rigueurs de l'hiver.

Le Mûrier blanc gèle souvent jusqu'à la racine.

Les arbustes et les arbrisseaux d'ornement qui se plaisent sous le ciel de Stockholm sont d'abord tous les *Cratægus* de l'Amérique septentrionale, puis *Amygdalus nana* L., *Mespilus amelanchier* L., *Spiræa chamædryfolia* L., *Cytisus Laburnum* L., *C. alpinus* Mill., *C. supinus* Jacq., *C. hirsutus* L., *Ribes alpinum* L., *Elæagnus macrophylla* Thunb., *Lonicera dioica* L., *Viburnum lantana* L., *Cornus alba* L., *Rhamnus catharticus* L., *Celastrus scandens* L., *Ptelea trifoliata* L., *Staphylæa pinnata* L., *Evonymus europæus* L. Ce dernier est spontané dans le midi de la Suède. Les arbustes qui souffrent du froid et qu'on est obligé d'empailler en hiver, si on veut qu'ils ne périssent pas par les fortes gelées, sont : le Genêt à balais (*Sarothamnus scoparius* Wimm.), dont la limite septentrionale en Suède est à Gothembourg (lat. 57° 42'); *Cytisus sessilifolius* L., *Rubus spectabilis* Pursh, *Ribes sanguineum* Pursh. Dans l'hiver de 1838, le *Juniperus sabina* L., qui les avait bravés pendant vingt ans, a gelé, et l'on doit s'en étonner d'autant moins, que le Genévrier commun a eu le même sort dans les environs d'Upsal. Le *Pavia rubra* végète, mais reste toujours à l'état d'arbrisseau.

Passons à l'examen des arbres fruitiers dont la culture est le but principal de l'établissement. Quand il est protégé, le Noyer s'élève à deux mètres au-dessus du sol. Ses fruits mûrissent rarement. Cet arbre ne dépasse pas la latitude Stockholm. Le Châtaignier a fleuri une fois; il gèle en hiver s'il n'est abrité. La vigne ne peut être cultivée qu'en espalier, au midi, et il faut la recouvrir d'épais paillassons pendant l'hiver. Dans l'espace de vingt ans, M. Wickstroem a mangé des chasselas mûrs, deux fois, en 1834 et dans une autre année.

Parmi les Cerisiers, ce sont les Bigarreaux, les Guignes, la variété connue sous le nom de Cerise de Bruxelles, qui réussissent le mieux. De tous les arbres fruitiers, les Pommiers nains offrent le plus grand nombre de variétés dans l'école d'horticulture ; les pommes qui mûrissent le plus souvent sont : celles d'Astrakan, Princesse noble, Pigeon rouge, Court-pendue, Joséphine, Calville rouge d'hiver, Pomme de Prince, Pomme rouge. La maturation des Reinettes est assez précaire ; on cultive de préférence la dorée, la rouge et la blanche.

Parmi les Poiriers, je note le Saint-Germain, la Longueville, la Chère aux Dames, la Mouille-Bouche d'été, le Beurré d'été, le Beurré gris, le Beurré blanc, le Bon Chrétien, la Cresane et les Bergamotes d'hiver et d'été. Ces cinq dernières variétés sont celles qui viennent le mieux. Les Prunes de Monsieur, de Damas, les Reine-Claude, les Mirabelles, n'arrivent pas toujours à une maturité parfaite ; celles de Hongrie, au contraire, réussissent très-bien. Toutes les espèces de Groseilles, les Fraises et les Framboises mûrissent tous les étés à Stockholm. Tels sont, en abrégé, les principaux arbres cultivés dans l'école. On voit que l'horticulteur suédois parvient à obtenir des fruits sous un climat qui semble au premier abord devoir exclure l'idée même de les cultiver.

§ IV.

COLLECTIONS DE LA SOCIÉTÉ SCIENTIFIQUE DE DRONTHEIM.

Les collections de la Société scientifique de Drontheim offrent peu d'objets intéressants pour le botaniste. Toutefois, on y voit un exemple curieux de corps étrangers, trouvés dans l'intérieur d'un arbre. C'est un tronc de sapin venant de Kongsberg. En le fendant, on fut très-étonné d'y découvrir un fer à cheval percé de cinq trous. Dans ce point, l'arbre est renflé, car son diamètre n'est que de 0^m, 12 au-dessus et au-dessous du fer à cheval; mais à son niveau il est de 0^m, 24. Le fer à cheval est plus rapproché de l'écorce d'un côté que de l'autre. On voit que les fibres ligneuses se sont recourbées de dedans en dehors pour contourner cet obstacle. J'en ai compté environ vingt-neuf du côté de la partie la plus renflée de la protubérance. Celles qui sont voisines du fer sont très-minces et très-indistinctes, mais elles deviennent plus larges à mesure qu'elles se rapprochent de la périphérie. Du côté opposé, il y avait vingt-cinq couches qui n'étaient presque point infléchies. Toutes ces particularités s'expliquent très-aisément par la supposition bien naturelle que le fer a été appliqué sur l'arbre et implanté par les deux extrémités recourbées. Du reste, la végétation ultérieure de ce sapin a été peu troublée par l'introduction de ce corps étranger, car plusieurs branches se sont développées au niveau même du fer à cheval.

Lessing (1), pendant son séjour à Drontheim, a examiné un herbier qui fait partie des collections de la Société. Il a été fait par l'évêque Gunnerus, auteur d'une Flore de Norvége intitulée *Jo. Ern. Gunneri Flora norvegica*, in-folio. *Nidrosiæ*, 1766. Lessing a trouvé dans l'herbier un grand nombre de faux noms et d'erreurs graves, qui ne permettent pas de consulter l'ouvrage avec sécurité.

§ V.

HERBORISATIONS AUX ENVIRONS DE DRONTHEIM.

La grande chaîne de montagnes du Kiölen émet un rameau latéral qui s'étend de Saelbö à Stördalen, puis descend et s'abaisse par étages successifs jusqu'aux bords de la mer, où les dernières ondulations du terrain viennent expirer, en suivant les bords sinueux des longs fiords qui découpent la côte. C'est au pied des derniers gradins de cette chaîne que la ville de Drontheim est assise : aussi, ses environs sont-ils agréablement accidentés. Vus de la mer, ils forment une succession de plans étagés en amphithéâtre les uns derrière les autres et revêtus d'une admirable verdure. De jolies maisons en bois sont semées dans les campagnes. Les unes, placées sur les sommets arrondis des collines, regardent la mer ; les autres, cachées dans les replis du terrain,

____

(1) *Reise nach den Loffoden*, p. 28.

jouissent d'une échappée sur la cime neigeuse de l'Oyskavelenfield. Des bouquets d'Aunes, de Bouleaux et de Sapins, entremélés de Frênes, d'Érables, de Trembles, de Cerisiers à grappes, de Noisetiers, de Genévriers et de Saules, couronnent les points culminants. Les champs cultivés s'étendent dans les localités sèches et bien exposées, tandis que les prairies occupent des bas-fonds. Quand les eaux n'y trouvent pas d'écoulement, alors les *Carex*, les *Juncus* et les *Eriophorum* remplacent les Graminées, et la prairie devient un marais.

Ce frais paysage a quelque chose de sévère et de froid qui plaît à la longue, mais qui ne séduit pas au premier abord. C'est un beau cadre pour une existence calme et uniforme, une vie douce partagée entre un travail modéré, les joies du foyer domestique et les plaisirs de la campagne, qui sont d'autant plus vifs pour les habitants du Nord, que les étés sont plus courts et la nature plus sévère. J'employai trois jours à parcourir les environs de la ville dans un rayon assez étendu. Vers le nord, je poussai jusqu'au cap Ladehamer, qui porte une couronne de Bouleaux au léger feuillage; vers l'est, jusqu'à la cascade de Leerfos, où les eaux écumeuses du Nidelven se précipitent au milieu d'une noire forêt de Sapins. J'y arrivai à l'heure de minuit. L'aurore et le crépuscule, qui se confondaient ensemble à l'horizon, projetaient sur le paysage une lumière douteuse; car à cette époque de l'année et à cette latitude, le soleil plonge à peine au-dessous de l'horizon, et les vives clartés qui brillent au ciel dans la direction du nord, annoncent que l'astre ne tardera pas à reparaître pour décrire de nouveau une circonférence à peine interrompue dans le point où il disparaît pendant quelques heures derrière les montagnes voisines.

Cette réunion des teintes du soir aux lueurs du matin est un spectacle d'une magnificence dont nous n'avons nulle idée dans nos climats. Le paysage silencieux (car pour les êtres vivants ce crépuscule c'est la nuit), éclairé par les reflets du ciel, a quelque chose de vague et d'indécis qui se prête à tous les rêves de l'imagination. Les forêts sont plus sombres, les montagnes plus hautes, les eaux plus bruyantes, et l'on attend avec anxiété le moment où le soleil dissipera toutes les illusions qu'engendre cette illumination fantastique. Le voyageur seul bénit ce jour presque continuel. Jamais la nuit ne vient interrompre ses travaux ni le forcer à chercher un abri; toutes ses journées ont vingt-quatre heures, et il s'en aperçoit au nombre de ses observations.

Dans les champs et au bord des chemins, je trouvai un grand nombre de plantes de France, qui habitent la même station; tels sont *Lotus corniculatus, Geum urbanum, Rosa canina, Spergula arvensis, Viola tricolor, Thlaspi arvense, Fumaria officinalis, Ranunculus repens, Chrysanthemum leucanthemum, Myosotis arvensis, Achillæa millefolium, Anthoxanthum odoratum, Ranunculus acris.* Dans les prés, *Cardamine pratensis, Taraxacum dens-leonis, Rumex domesticus, Poa pratensis.* Dans les marais, *Caltha palustris, Pin-*

guicula vulgaris, *Menyanthes trifoliata*, *Triglochin palustre*, *Eriophorum angustifolium*, et plusieurs *Carex* des environs de Paris.

Au milieu de ces végétaux, tous communs dans l'Europe moyenne, l'œil du botaniste est cependant réjoui par la vue de quelques plantes appartenant à la Flore des régions boréales, des Alpes ou des bords de la mer. Dans les buissons, il découvre *Geranium sylvaticum*, *Aquilegia alpina*, *Aconitum septentrionale*, *Pedicularis lapponica*, *Trientalis europœa*, *Paris quadrifolia*. Dans les lieux découverts, *Cornus suecica*, *Vaccinium vitis-idœa*, *Antennaria alpina*, *Polygonum viviparum*, *Poa alpina*. Dans les marais, *Vaccinium uliginosum*, *Rubus chamœmorus*, *Geum rivale*, *Pinguicula alpina*, *Carex curta*. Sur les sables du rivage de la mer, *Plantago maritima*, *Glaux maritima*, *Triglochin maritimum* et *Elymus arenarius*.

Voici du reste, par ordre de familles, les plantes que j'ai récoltées à Drontheim et dont M. J. Gay a bien voulu revoir les déterminations.

PLANTES RECUEILLIES AUX ENVIRONS DE DRONTHEIM.

RANUNCULACEÆ. *Ranunculus auricomus* L., *R. polyanthemos* L., *R. acris* L., *R. repens* L. — *Trollius europœus* L. — *Caltha palustris* L. — *Aconitum septentrionale* L. — *Aquilegia alpina* L.

CARYOPHYLLEÆ. *Spergula arvensis* L.

GERANIACEÆ. *Geranium sylvaticum* L.

TILIACEÆ. *Tilia grandifolia* Ehrh., *T. microphylla* Wild.

HIPPOCASTANEÆ. *Æsculus hippocastanum* L.

FUMARIACEÆ. *Fumaria officinalis* L.

CRUCIFERÆ. *Cardamine pratensis* L. — *Thlaspi arvense* L.

VIOLARIEÆ. *Viola tricolor* L., *V. Riviniana* Rchb.

PAPILIONACEÆ. *Lotus corniculatus* L. — *Trifolium sativum* L. — *Vicia sepium* L., *V. cracca* L.

ROSACEÆ. *Prunus domestica* L., *P. cerasus* L., *P. padus* L. — *Rubus chamæmorus* L. — *Geum urbanum* L., *G. rivale* L. — *Fragaria vesca* L. — *Potentilla argentea* L., *P. anserina* L. — *Rosa canina* L. — *Sorbus aucuparia.* L.

OLEINEÆ. *Fraxinus excelsior* L.—*Syringa vulgaris* L.

PRIMULACEÆ. *Primula auricula* L.—*Glaux maritima* L.—*Trientalis europæa* L.

PLANTAGINEÆ. *Plantago maritima.* L.

GENTIANEÆ. *Menyanthes trifoliata* L.

BORRAGINEÆ. *Myosotis arvensis.* Bull.

SCROPHULARINEÆ. *Pedicularis lapponica* L. — *Melampyrum sylvaticum.* L.

LENTIBULARIEÆ. *Pinguicula vulgaris* L., *P. alpina* L.

LABIATÆ. *Lamium amplexicaule* L.

VACCINIEÆ. *Vaccinium Vitis-idæa* L., *V. uliginosum* L.

HEDERACEÆ. *Cornus suecica* L.

GROSSULARIEÆ. *Ribes grossularia* L., *R. rubrum* L., *R. nigrum* L.

COMPOSITÆ. *Achillœa millefolium* L. — *Chrysanthemum leucanthemum* L.—*Pyrethrum inodorum* Wild.—*Antennaria alpina* R. B. — *Senecio vulgaris* L. —*Taraxacum dens-leonis* Desf.

POLYGONEÆ. *Rumex acetosa* L., *R. crispus* L., *R. domesticus* Hartm. — *Polygonum viviparum* L.

SANGUISORBEÆ. *Alchemilla vulgaris* L.

AMENTACEÆ. *Quercus robur* Smith. — *Salix fragilis* L., *S. pentandra* L., *S. phylicifolia* L. — *Populus balsamifera* L. — *Betula pubescens* Ehrh. — *Alnus incana* L.

CONIFERÆ. *Abies excelsa* DC. — *Juniperus communis* L.

ALISMACEÆ. *Triglochin palustre* L., *T. maritimum* L.

ASPARAGINEÆ. *Paris quadrifolia* L.

CYPERACEÆ. *Carex stellulata* Good., *C. teretiuscula* Good., *C. pallescens* L., *C. panicea* L., *C. subspathacea* Wormsk., *C. nemoralis* L., *C. pulicaris* L., *C. curta* Gaud., *C. cespitosa* L. — *Eriophorum angustifolium* Roth.

Gramineæ. *Anthoxanthum odoratum* L.—*Alopecurus geniculatus* L.—*Dactylis glomerata* L.—*Arundo stricta* Timm.—*Avena pubescens* L.—*Aira cespitosa* L.—*Poa alpina* L., *P. nemoralis* L., *P. pratensis* L.—*Secale cereale* L.—*Elymus arenarius* L.

Filices. *Aspidium filix-fœmina* Sw.

Equisetaceæ. *Equisetum palustre* L.

Musci. *Dicranum ovatum* Hedw.

Lichenes. *Cladonia bellidiflora* Fr. — *Parmelia parietina* Ach.

Algæ. *Fucus vesiculosus* L. — *Laminaria saccharina* L. — *Scytosyphon Filum* Ag.

§ VI.

HILDRINGEN.

Lat. 65° 16′ N. Long. 10° 35′ E.

Le 2 juillet, je m'embarquai sur le bateau à vapeur le *Charles-Gustave*, avec MM. Marmier, Mayer et Anglès. Tous les quatre, nous désirions visiter les points de la côte où il s'arrête, tandis que la corvette devait cingler directement sans toucher nulle part, de Drontheim à Hammerfest. Le bateau leva l'ancre à deux heures du matin; le soleil brillait à l'horizon depuis une demi-heure. Nous sortîmes du fiord de Drontheim pour nous engager dans une foule de passes étroites et circuler dans un labyrinthe d'îles, que nous rasions de si près, qu'on pouvait distinguer les champs jaunis, comme les nôtres, par les fleurs du *Sinapis arvensis*. Des Trembles et des Pins rabougris se cachaient derrière les abris qui les défendaient contre les vents du large; mais en général le sol est dénudé. Les rochers s'élèvent verticalement du sein de la mer; leurs sommets dépouillés se perdent dans la brume, et leur profil sévère ou monotone n'est jamais interrompu par les courbes changeantes de la cime des arbres agités par le vent, ou les ondulations sinueuses d'une ligne de buissons.

Après avoir passé la nuit à l'ancre, au milieu d'un épais brouillard, nous entrâmes le lendemain matin dans le Bindalsfiord. A mesure que nous nous enfoncions dans les terres, la côte devenait plus verdoyante, les arbres s'élevaient, mais timidement, comme s'ils redoutaient encore les terribles rafales de la pleine mer. Le ciel était pur, la mer bleue, l'air doux et chaud. Les côtes se rapprochaient de plus en plus, comme pour embrasser le navire, et tout me rappelait les beaux lacs de la Suisse, et en particulier celui des Quatre-Cantons. C'étaient les mêmes tapis de verdure, entourés de sombres forêts de pins et de sapins, la même nappe d'eau calme et transparente, et de loin à loin un ruisseau étourdi qui venait se perdre en bouillonnant dans la mer. Au fond du golfe s'élevait une habitation modeste, mais autour de laquelle tout annonçait le bien-être. De belles vaches ruminaient couchées dans un pré ; des chèvres pendaient aux rochers ; quelques champs de seigle s'étendaient derrière la maison ; devant elle, une haie de groseillers épineux entourait un petit jardin bien entretenu. Les groseilles rouges étaient déjà nouées. Des pois, des navets et des pommes de terre occupaient les carrés. Hildringen, c'est le nom de cette maison isolée, située sur la frontière du Nordland et du gouvernement de Drontheim, est un bureau de poste où le bateau à vapeur vient prendre et déposer les lettres. Il s'y arrête pendant quelques heures.

Une montagne s'élevait derrière la maison : nous résolûmes à l'instant d'y monter, M. Anglès et moi. Munis de notre baromètre, nous nous engageâmes d'abord dans une forêt de Pins sylvestres d'une très-belle venue. Cependant un grand nombre étaient desséchés sur pied; d'autres abattus récemment par un ouragan. Nous comprîmes pourquoi ces arbres ne lui avaient pas résisté. La roche gneissique est recouverte d'une couche de terre végétale si mince et si peu cohérente, que ces arbres n'ont pas de pivot, et leurs racines s'étendent à de grandes distances, presque à la surface du sol. Nous arrivâmes bientôt à la limite des Pins et des Epicea; elle était à 315 mètres au-dessus de la mer. A cette hauteur, les Pins avaient la forme pyramidale des Sapins. Cette limite était aussi celle du Bouleau en arbre. Le Sorbier des oiseleurs montait un peu plus haut : le Tremble s'était arrêté à trente mètres au-dessous, et l'Aune (*Alnus incana* D. C.) encore plus bas.

Toute la montagne est formée d'une série de gradins successifs, séparés par des pentes assez roides. Les parties horizontales sont tourbeuses, humides, quelquefois marécageuses, les pentes plus sèches et mieux exposées au soleil. Aussi étaient-elles tapissées par la Bruyère commune (*Calluna vulgaris* Salisb.) à laquelle se mêlaient le *Cornus suecica* L. et le *Lycopodium juniperifolium* Lam. Dans les lieux humides, je trouvai : *Rubus chamæmorus* L., *Eriophorum vaginatum* L.,

E. angustifolium Roth., et *Splachnum vasculosum* L.
Mais la plupart des plantes de la région du Pin sylvestre s'élevaient plus haut, jusqu'à la limite du Bouleau (*Betula pubescens* Ehrh.), que nous trouvâmes à
456 mètres au-dessus de la mer. Des flaques de neige
occupaient encore les dépressions du sol. Le Bouleau
atteignait à peine la hauteur d'un mètre, et autour
de lui végétaient des plantes boréales, telles que *Vaccinium vitis idæa*, *Andromeda polifolia*, *Rhodiola rosea*
et *Trientalis europæa*.

Cependant nous n'étions pas encore au haut
de la montagne. Quelques Bouleaux couchés sur le
sol semblaient vouloir atteindre le sommet en rampant. Nous y arrivâmes enfin : il est à 635 mètres
au-dessus de la mer et complétement dénudé. Sa végétation ressemble à celle des sommets de la chaîne
des Alpes, qui s'élèvent au-dessus de la région des
forêts : en effet, j'y remarquai *Dryas octopetala* L.,
Chamæledon procumbens Link., *Empetrum nigrum* L.,
Scirpus cæspitosus L., *Juniperus nana* Wild., et *Salix
herbacea* L. Deux végétaux, que je voyais pour la première fois, me rappelaient seuls que je n'étais pas sur
les Alpes, mais en Norvége: c'étaient le *Salix Lapponum* L. et le *Diapensia lapponica* L.

Telles sont les plantes que je recueillis pendant une
herborisation de quatre heures environ. Il faut y ajouter encore quelques cryptogames dont je dois la dé-
termination à mon ami le docteur Montagne, savoir :
Splachnum luteum L., *Polytrichum commune* L.,
Stereocaulon denudatum Fr. et *Cladonia deformis* Fr.

§ VII.

BODÖE.

Lat. 67° 16′ N. Long. 12° 40′ E.

Nous nous embarquâmes de nouveau ; de nouveau nous circulâmes dans un labyrinthe d'îles, doublant des promontoires, franchissant des passes étroites, côtoyant des rivages escarpés ou longeant des plages sablonneuses. Tantôt nous étions entourés de terres qui semblaient nous presser de tous côtés, tantôt la haute mer s'étendait devant nous jusqu'aux limites de l'horizon. Enfin, le 4 juillet au soir, nous arrivâmes à Bodöe. C'est un comptoir placé sur un cap, à l'entrée d'un fiord profond qui se termine à Saltalden. Là je vis pour la première fois des maisons couvertes en tourbe, sur lesquelles croissait une herbe touffue entremêlée de fleurs. Suivant mon habitude, j'examinai d'abord les végétaux cultivés ; mais je ne vis que des pommes de terre, des pois, des radis, des groseillers sans fruits, la primevère oreille-d'ours, et quelques champs d'orge et de seigle.

Dans les prés, au niveau de la mer, je trouvai quelques plantes qui m'auraient démontré, à défaut de toute autre preuve, combien le climat de ce pays se rapproche de celui des régions alpines les plus élevées ; c'étaient : *Dryas octopetala* L., *Silene acaulis* L. (1),

---

(1) Lessing (*Reise nach den Loffoden*, p. 44) a trouvé le *Silene*

Saussurea alpina DC., *Arctostaphylos alpina* Sp., *Cerastium lanatum* Lam., *Alchemilla alpina* L., *Phaca astragalina* DC. et *Bartsia alpina* L. À côté d'elles se trouvaient des végétaux propres aux régions septentrionales, mais qui n'existent pas dans les Alpes; savoir : *Aconitum septentrionale* L., *Draba incana* L., *Tofieldia borealis* Wahlbg., et *Thalictrum alpinum* L. L'*Adenarium peploides* Rafin. me rappelait que j'étais sur les bords de l'Océan, et quelques-unes des plantes les plus vulgaires des environs de Paris, telles que *Taraxacum dens-leonis* Desf., *Tussilago farfara* L., *Achillæa millefolium* L., *Cardamine pratensis* L., *Viola canina* L., *Lotus corniculatus* L., *Trifolium pratense* L., *Anthyllis vulneraria* L., *Alopecurus geniculatus* L., semblaient un souvenir de la patrie jeté au milieu de cette végétation boréale.

acaulis au bord de la mer, au pied de la montagne de Kunnen, par lat. 66° 57′ N., long. 10° 58′ E.

Dans les Alpes, c'est la plante phanérogame qui s'élève le plus haut. De Saussure l'a vue en fleur au rocher de *l'Heureux Retour*, au milieu des neiges éternelles du Mont-Blanc, à 3 470 mètres au-dessus de la mer. Je l'ai cueillie moi-même aux *Grands Mulets*, à 3 100 mètres d'élévation. Quelquefois elle descend assez bas : à 2 079 au sommet du mont Lachat (vallée de Chamonix); au-dessous de 2 000 à la montée du col du Bonhomme; à 1236 mètres, près de Dissentis, suivant Wahlenberg.

Dans les Pyrénées, M. J. Gay l'a vue au sommet du port d'Oo, à 3 000 mètres, et Ramond, à la même hauteur, sur le Vignemale et le mont Perdu.

Cette plante existe aussi au Spitzberg, par lat. 79° 55′ N., long. 14° 30′; au Groenland, au Labrador, et dans la baie de Baffin, entre Point-Lake et la mer Arctique.

Derrière le groupe de maisons qui constitue la ville, s'étendait un vaste marais tourbeux semé de monticules semblables à des taupinières, formés de *Splachnum luteum* entrelacés, et portant des touffes de *Betula nana* L., de Saules (*Salix Lapponum* L., *S. phylicifolia* L.), et d'Aunes (*Alnus incana* var. *virescens* Wahlbg.), dont les tiges et les racines avaient servi de base à l'accroissement de ces petites buttes. En sautant de monticule en monticule, je m'avançai fort loin dans le marais, et j'y recueillis un assez grand nombre de plantes amies de ces localités. Parmi elles, on en remarquera plusieurs qui se trouvent en France dans les mêmes stations. Il ne faut pas s'en étonner ; c'est un des caractères des plantes marécageuses de l'Europe, d'être beaucoup plus insensibles que les autres aux différences de climat. Pourvu qu'elles puissent enfoncer leurs racines dans un sol spongieux et habituellement humide, il semble que la constitution atmosphérique leur soit indifférente. Je remarquai successivement : *Parnassia palustris* L., *Primula farinosa* L., *Geum intermedium* Erh., *Rubus chamæmorus* L., *Caltha palustris* L., *Pedicularis palustris* L., *Menyanthes trifoliata* L., *Vaccinium oxycoccos* L., *Carex cæspitosa* L., *C. juncifolia* All., et *Scirpus cæspitosus* L.

En quittant le marais, je me dirigeai vers un clocher que je voyais à une certaine distance ; il s'élevait au milieu d'un bouquet d'arbres dont je ne pouvais de loin distinguer l'espèce ; leurs troncs blancs étaient surmontés d'une cime arrondie, formée de branches dressées, dont toutes les extrémités étaient mortes ; comment aurais-je pu reconnaître notre Bouleau aux rameaux pendants ? c'était lui, cependant, ou plutôt la variété pubescente. Depuis, j'ai retrouvé cette forme au pied du glacier de l'Aar en Suisse, à une hauteur de 1980 mètres au-dessus de la mer. Après que j'eus détaché quelques rameaux de ces arbres, au grand ébahissement des habitants, qui ne pouvaient contenir leurs rires étouffés, je gagnai un rocher qui me faisait espérer une récolte aussi abondante et différente de celle que j'avais faite dans le marais. Mon espoir fut trompé, car j'y trouvai peu de plantes, parmi lesquelles je remarquai seulement : *Silene maritima* Sm., *Poa nemoralis*, var. *glauca* Gaud., *Aira flexuosa* L., *Polypodium vulgare* L., et *Sticta scorbiculata* Ach.

La liste suivante comprend toutes les plantes que j'ai recueillies en fleur à Bodöe le 4 juillet 1838, rangées par ordre de familles.

VÉGÉTAUX SPONTANÉS RECUEILLIS AUTOUR DE BODÖE.

Lat. 67° 16′ N. Long. 22° 40′ E.

RANUNCULACEÆ. *Thalictrum alpinum* L. — *Caltha palustris* L., — *Aconitum septentrionale* L.

CARYOPHYLLEÆ. *Cerastium lanatum* Lam. — *Silene acaulis* L. *S. maritima* Sm. — *Adenarium peploides* Rafin.

GERANIACEÆ. *Geranium sylvaticum* L.

DROSERACEÆ. *Parnassia palustris* L.

CRUCIFERÆ. *Draba incana* L.

VIOLARIEÆ. *Viola canina* L.

PAPILIONACEÆ. *Lotus corniculatus* L., — *Trifolium pratense* L.

— *Anthyllis vulneraria* L. — *Astragalus alpinus* L. (*Phaca astragalina* DC.)

ROSACEÆ. *Geum intermedium* Erh. — *Dryas octopetala* L. — *Spiræa ulmaria* L. — *Alchemilla alpina* L.

CRASSULACEÆ. *Rhodiola rosea* L.

PRIMULACEÆ. *Primula farinosa* L. — *Lychnis sylvestris* L.

GENTIANEÆ. *Menyanthes trifoliata* L.

SCROPHULARINEÆ. *Pedicularis palustris* L.

RHINANTHACEÆ. *Bartsia alpina* L.

VACCINIEÆ. *Vaccinium uliginosum* L., *V. myrtillus* L., *V. oxycoccos* L. — *Arctostaphylos alpina* Spr.

COMPOSITÆ. *Pyrethrum maritimum* Sm. — *Achillæa millefolium* L.— *Antennaria dioica* R. B.— *Saussurea alpina* DC. — *Tussilago farfara* L. — *Taraxacum dens-leonis* Desf.

POLYGONEÆ. *Rumex acetosella* L., *R. crispus* L.

AMENTACEÆ. *Salix phylicifolia* L., *S. Lapponum* L. — *Betula pubescens* Ehrh., *B. nana* L.—*Alnus incana*, var. *virescens* Wahlg.

CONIFERÆ. *Juniperus communis* L.

COLCHICACEÆ. *Tofieldia borealis* Wahlg.

ORCHIDEÆ. *Orchis maculata* L.

JUNCEÆ. *Juncus triglumis* L.

CYPERACEÆ. *Carex cæspitosa* L., *C. incurva* Light. (*C. juncifolia* All.). — *Scirpus cæspitosus* L. — *Eriophorum augustifolium* Reichb.

GRAMINEÆ. *Holcus odoratus* L. (*Hierochloe borealis* Roem et Schult.) — *Alopecurus geniculatus* L. — *Poa nemoralis*, var. *glauca* Gaud. — *Aira flexuosa* L.

FILICES. *Polypodium vulgare* L.

MUSCI. *Funaria hygrometrica* Hedw. — *Bryum cæspititium* L.

LICHENES. *Parmelia ventosa* Fr. — *Sticta scorbiculata* Ach.

§ VIII.

SANDTORV.

Lat. 68° 34′ N. Long. 16° 50′ E.

Nous repartîmes le 5 juillet. Les côtes s'élevaient de plus en plus; des promontoires menaçants semblaient autant de brise-lames destinés à protéger la terre contre les vagues terribles de la mer du Nord. Le ciel était presque toujours voilé de sombres nuages, tombant jusqu'à terre, et enveloppant tous les objets d'une brume épaisse. Bientôt nous vîmes les rochers verticaux des Loffoden s'élever au-dessus des brouillards, qui leur prêtaient une hauteur exagérée. A l'abri de ces rochers, se tenaient quelques barques montées par ces intrépides pêcheurs qui affrontent, même en hiver, les horribles tempêtes de la mer du Nord. Ils regardaient avec étonnement le bateau à vapeur, qu'ils n'avaient pas encore vu. Quelques-uns voulurent lutter de vitesse avec lui, sur un de ces légers canots norvégiens qui semblent glisser à la surface de l'eau; mais c'est en vain qu'ils faisaient force de rames : découragés bientôt par l'inutilité de leurs efforts, ils laissèrent tomber leurs avirons. La science asservissant les éléments aveugles mais tout-puissants de la nature inorganique, triomphait comme toujours de la force intelligente mais limitée qui réside dans les bras de l'homme. Bientôt nous nous engageâmes dans un détroit, et le 5 juillet nous mouillâmes devant le comptoir de Sandtorv, situé sur l'île de Hindöe, la plus grande et la plus orientale de celles qui forment l'archipel des Loffoden.

Il était neuf heures du soir ; mais comme le soleil ne se couchait plus pour nous, je m'acheminai vers une petite montagne que j'apercevais de loin. En passant, je vis quelques groseilliers en fleur, et des champs d'orge encore en herbe. Sur les bords de la mer le beau *Lithospermum maritimum* et le *Cochlearia officinalis* croissaient en abondance. Un bois situé au nord du mouillage se composait de Bouleaux de trois mètres de haut, au milieu desquels M. Anglès découvrit quelques Cerisiers à grappe fleuris. *Trollius europæus* L., *Draba incana* L., *Chrysanthemum inodorum* L., *Spiræa ulmaria* L., *Lotus corniculatus* L., *Taraxacum dens-leonis* Desf., *Cornus suecica* L., *Arbutus alpina* L., *Andromeda polifolia* L., *Myosotis arvensis* Sibt., *Trientalis europæa* L., *Polygonum viviparum* L., occupaient les localités sèches ; *Caltha palustris* L., *Pinguicula vulgaris* L., *Comarum palustre* L., *Primula farinosa* L., *Parnassia palustris* L., les dépressions humides et marécageuses. En arrivant au pied de la montagne, j'y trouvai quelques Pins sylvèstres de la taille d'un à quatre mètres, entremêlés de Génevriers qui n'avaient pas un mètre de haut. Curieux de déterminer la limite de ces Pins, je montai au milieu d'un épais brouillard, et ne tardai pas à la trouver à 160 mètres seulement au-dessus du niveau de l'Océan. Je n'en fus pas étonné en songeant à la rigueur du climat et à la violence des vents de mer qui ne permettent pas à ces arbres de végéter dans les localités découvertes et de s'élever le long des pentes de montagnes isolées. Les mêmes causes arrêtent leur croissance et empêchent leur tige de s'élancer. Aussi ces Pins sont-ils rabougris, difformes, souvent même appliqués contre le sol, auquel ils semblent demander un abri contre lès effroyables tempêtes dont ils sont assaillis.

Au-dessus de la limite des Pins je recueillis le *Chamœledon procumbens* Link, le *Lycopodium selago* L., et quelques Cryptogames, savoir : *Dicranum rupestre* Brid., *Polytrichum strictum* Menz., P. *alpestre*, Hoppe, *Cenomyce rangiferina* Ach., et *Cladonia carneola* Fr.

Arrivé au sommet de là montagne, à 357 mètres au-dessus de la mer, je me trouvai au milieu de blocs de gneiss anguleux, parmi lesquels végétaient de misérables Bouleaux, dépouillés de leurs feuilles, et d'un mètre au plus de hauteur. J'atteignais pour la première fois un de ces sommets du Nord composés de blocs disjoints et écartés par la force des gelées hibernales. Un vent glacial me forçait à chercher un refuge derrière ces rochers, au milieu de ces buissons de Bouleaux dépouillés. Une brume noire comme la nuit me dérobait la vue de tous les objets situés à quelques pas de distance. Cet aspect était si sombre, si désolé, que je fus pris d'un sentiment profond de tristesse et d'isolement. Je sentis le besoin de me retrouver au milieu des hommes, et descendis de la montagne en m'élançant au hasard au milieu du brouillard. J'arrivai à minuit et demi au bord de la mer, où je suspendis de nouveau mon baromètre; puis j'entrai dans la demeure hospitalière près de laquelle se groupent toutes les cabanes de Sandtorv. Le marchand avait réuni mes compagnons autour d'un bol de punch, et bientôt j'oubliai le brouillard, le vent, l'isolement et les tristesses passagères qu'ils engendrent dans l'âme du voyageur novice que j'étais alors.

§ IX.

FLORE DES LOFFODEN, PAR FR. LESSING.

Hindöe, sur laquelle Sandtorv est situé, étant la plus orientale des Loffoden, j'espère être agréable au lecteur en joignant ici l'énumération complète des plantes de ces îles. Cette Flore a été faite en 1830 par M. Lessing (1). L'archipel, si l'on n'y comprend pas la grande île de Hindöe, qui semble une portion détachée du continent et que Lessing n'a point explorée, s'étend en latitude de 67° 31′ N. à 68° 28′ N., et en longitude de 9° 0′ E. à 12° 15′ E. Il se compose des îles suivantes : Ostvagöe, Vestvagöe, Flagstadöe, Moskënäsoe, Mosköe, Vahröe et Röst. L'orge et les pommes de terre sont les seuls végétaux alimentaires qui puissent y être cultivés. Le bétail y est rare, parce qu'il faut le nourrir pendant l'hiver avec des têtes de poissons, des algues et des branches de bou-

(1) *Reise durch Norwegen nach den Loffoden durch Lappland und Schweden.* In-8°. Berlin, 1831.

leau. Aussi la mer est-elle le champ productif cultivé par les pêcheurs de Loffoden; leurs navires sont les charrues avec lesquelles ils le sillonnent incessamment. M. Lessing a séjourné aux Loffoden du 7 juillet au 6 août 1830. Il a parcouru dans tous les sens, un baromètre à la main, les montagnes dont elles sont hérissées. Le sommet le plus élevé, le Salentind, s'élève à 630 mètres au-dessus de la mer; la plupart se tiennent entre 200 et 600 mètres. La roche qui les compose (1) est un granit gneissique.

Voici la liste des plantes vasculaires recueillies par Lessing, avec l'indication des hauteurs, exprimées en mètres, auxquelles il les a recueillies.

FLORE DES LOFFODEN.

RANUNCULACEÆ.

Thalictrum alpinum L., de 0^m à 70^m.
Ranunculus pygmæus, à 360 mètres.
R.   *polyanthemos* L., de 0^m à 580^m.
R.   *repens* L., bords de la mer.
Caltha palustris L., de 0^m à 200^m.

NYMPHÆACEÆ.

Nymphæa alba L., au niveau de la mer.

CRUCIFERÆ.

Draba incana L., au niveau de la mer.

(1) Keilhau, *Erster Versuch einer geognostischen Karte von Norwegen. — Erstes Blatt.* 1844.

Draba lapponica Wahlg., à 370^m.
Cochlearia officinalis L., bords de la mer.
Arabis alpina L., à 325^m.

VIOLARIEÆ.

Viola canina L., au niveau de la mer.
V.   *palustris* L., de 0^m à 620^m.
V.   *tricolor* L., au niveau de la mer.
V.   *biflora* L., de 160^m à 620^m.

DROSERACEÆ.

Drosera intermedia Hayne, à 325^m.
D.   *longifolia* L., au niveau de la mer.
Parnassia palustris L. *Ibid.*

CARYOPHYLLEÆ.

Silene acaulis L., de 0^m à 656^m.
S.   *rupestris* L., de 0^m à 160^m.
Lychnis alpina L., de 0^m à 620^m.
L.   *flos-cuculi* L., au niveau de la mer.
L.   *sylvestris* L., de 0^m à 620^m.
Cerastium alpinum L., de 0^m à 600^m.
C.   *triviale* Link., à 25^m au-dessus de la mer.
Stellaria cerastoides L., à 320^m.

LINEÆ.

Linum catharticum L., au niveau de la mer.

HYPERICINEÆ.

Hypericum quadrangulum L.

GERANIACEÆ.

Geranium sylvaticum L., de 0^m à 360^m.

OXALIDEÆ.

Oxalis acetosella L., au niveau de la mer.

LEGUMINOSÆ.

Anthyllis vulneraria L., bords de la mer.
Lathyrus pratensis L., à 115^m de hauteur.
Lotus corniculatus L., de 0^m à 370^m.
Vicia cracca L., de 30^m à 160^m.
Trifolium repens L., au niveau de la mer.

ROSACEÆ.

Sibbaldia procumbens L., de 325^m à 350^m.
Potentilla maculata Pourr., au niveau de la mer.
P.　　　*anserina* L., bords de la mer.
Rubus chamæmorus L., de 390^m à 620^m.
R.　　*saxatilis* L., de 130^m à 360^m.
R.　　*idæus* L., à 100^m de hauteur.
Sorbus aucuparia L., de 30^m à 360^m.
Fragaria vesca L., vers 360^m d'élévation.
Alchemilla alpina L., de 0^m à 620^m.
A.　　　*vulgaris* L., de 0^m à 585^m.
Spiræa ulmaria L.　　　　　»

ONAGRARIEÆ.

Epilobium angustifolium L., de 30^m à 325^m.
E.　　　*alpinum* L., à 585^m au-dessus de la mer.
E.　　　*montanum* L., à 220^m au-dessus de la mer.

HALORAGEÆ.

Myriophyllum spicatum L. ⎫
　　　　　　　　　　　　　　⎬ au niveau de la mer.
Callitriche autumnalis L. ⎭

VALERIANEÆ.

Valeriana officinalis L., de 30^m à 350^m.

DIPSACEÆ.

Knautia arvensis Coult., bords de la mer.
Scabiosa succisa L., au niveau de la mer.

SYNANTHEREÆ.

Saussurea alpina DC., de 0^m à 610^m.
Carduus heterophyllus L., de 30^m à 360^m.
Taraxacum dens-leonis Desf., de 0^m à 610^m.
Leontodon autumnale L., de 0^m à 145^m.
Sonchus alpinus L., de 30^m à 160^m.
Hieracium alpinum L., de 30^m à 600^m.
H.   *boreale* Fries, à 80^m de hauteur.
H.   *murorum* L., de 0^m à 620 ^{m}.
H.   *prenanthoides* Vill., de 100^m à 360^m.
H.   *paludosum* L., de 30^m à 360^m.
Solidago virga-aurea L., de 0^m à 610^m.
Erigeron alpinum L., de 0^m à 65^m.
Achillæa millefolium L., au niveau de la mer.
Gnaphalium sylvaticum L., de 0^m à 365^m.
G.   *supinum* Vill., de 0^m à 620^m.
Antennaria dioica R. Br., de 0^m à 420^m.

PORTULACEÆ.

Montia fontana L., au niveau de la mer.

CRASSULACEÆ.

Sedum annuum L., à 220^m de hauteur.
S.   *villosum* L., à 310^m d'élévation.
S.   *acre* L., au niveau de la mer.

Rhodiola rosea L., de o^m à 620^m.

GROSSULARIÆ.

Ribes rubrum L., à 100^m de hauteur.

SAXIFRAGEÆ.

Saxifraga cernua L., à 250^m de hauteur.
S.   *rivularis* L., de o^m à 650^m.
S.   *nivalis* L., à 360^m de hauteur.
S.   *stellaris* L., de o^m à 370^m.
S.   *cœspitosa* L., de o^m à 650^m.
S.   *oppositifolia* L., au niveau de la mer seulement.

UMBELLIFERÆ.

Chœrophyllum sylvestre L., de o^m à 360^m.
Carum carvi L., au niveau de la mer.

CORNEÆ.

Cornus suecica L., de o^m 620^m, très-commun vers 350^m.

CAMPANULACEÆ.

Campanula rotundifolia L., au bord de la mer.

EMPETREÆ.

Empetrum nigrum L., de 350^m à 620^m.

VACCINIEÆ.

Vaccinium uliginosum L., de o^m à 610^m.
V.   *vitis-idæa* L., au niveau de la mer.
V.   *myrtillus* L., de o^m à 600^m.
Schollera oxycoccus Roth., au niveau de la mer.
Arctostaphylos alpina Spr., de o^m à 325^m.

Andromeda polifolia L., à 320ᵐ au-dessus de l'Océan.
Pyrola rotundifolia L., de 0ᵐ à 360ᵐ.

GENTIANEÆ.

Gentiana involucrata Rottb., de 0ᵐ à 110ᵐ.
Menyanthes trifoliata L., de 0ᵐ à 325ᵐ.

POLEMONIDEÆ.

Polemonium cœruleum L., de 300ᵐ à 520ᵐ.

BORRAGINEÆ.

Myosotis sylvatica Ehrh., au niveau de la mer.

SCROPHULARINEÆ.

Bartsia alpina L., de 0ᵐ à 360ᵐ.
Pedicularis palustris L., au niveau de la mer.
Rhinanthus crista-galli L.,   *ibid.*
Melampyrum pratense L., ⎱
    M.   *sylvaticum* L. ⎰ de 0ᵐ à 160ᵐ.
Veronica serpyllifolia L., au niveau de la mer.
V.   *officinalis* L.   »
V.   *alpina* L., de 200ᵐ à 620ᵐ.

LABIATÆ.

Ajuga pyramidalis L., à 445ᵐ au-dessus de la mer.
Prunella vulgaris L., au niveau de la mer.
Galeopsis tetrahit L., de 0ᵐ à 200ᵐ.

LENTIBULARIEÆ.

Pinguicula vulgaris L., au niveau de la mer.

PRIMULACEÆ.

Trientalis europœa L., de 0ᵐ à 325ᵐ.

PLANTAGINEÆ.

Plantago media L.
P.   *lanceolata* L.   }   au niveau de la mer.

POLYGONEÆ.

Oxyria reniformis Hook., de 325^{m} à 650^{m}.

Rumex acetosella L., de 215^{m} à 350^{m}.

R.   *acetosa* L., de 0^{m} à 610^{m}.

R.   *domesticus* Hartm., au niveau de la mer.

Polygonum viviparum L., de 0^{m} à 620^{m}.

P.   *aviculare* L.
Urtica urens L.   }   au niveau de la mer.
U.   *dioica* L.

SALICINEÆ.

Salix herbacea L., de 350^{m} à 620^{m}.

S.   *glauca* L.   »

S.   *lanata* L., vers 180^{m}.

BETULINEÆ.

Betula nana L., au niveau de la mer.

B.   *alba* L., de 0^{m} à 340^{m}.

CONIFERÆ.

Juniperus communis L., de 0^{m} à 325^{m}.

ORCHIDEÆ.

Listera cordata R. Br., de 200^{m} à 410^{m}.

Habenaria albida Rich., de 0^{m} à 360^{m}.

H.   *viridis* Rich. de 0^{m} à 360^{m}.

Orchis latifolia L., au niveau de la mer.

ASPARAGEÆ.

Convallaria verticillata L., de 0^m à 360^m.

LILIACEÆ.

Allium oleraceum, de 100^m à 350^m.

COLCHICACEÆ.

Tofieldia borealis Wahblg, de 0^m à 60^m.

JUNCEÆ.

Narthecium ossifragum Huds., au niveau de la mer.
Juncus trifidus L., de 300^m à 620^m.
J.   conglomeratus L., au niveau de la mer.
J.   triglumis L.   »
J.   uliginosus Roth.   »
J.   acutiflorus Meyer.   »
Luzula spicata DC., de 0^m à 610^m.
L.   campestris DC., au niveau de la mer.
L.   vernalis DC., de 100^m à 370^m.
L.   spadicea DC., à 60^m au-dessus de l'Océan.
L.   maxima DC., de 100^m à 360^m.

TYPHACEÆ.

Sparganium natans L.   »

CYPERACEÆ.

Carex pauciflora Lightf.   »
C.   stellulata Schreb., à 50^m au-dessus de la mer.
C.   canescens L.   »
C.   leporina L., bords de la mer.
C.   atrata L., de 100^m à 350^m.
C.   Buxbaumii Wahlbg.   »

II. 6e DIV.— *Géographie botanique.*   5

Carex alpina Sw.   "

C.   *flava* L.   "

C.   *cæspitosa* L., au niveau de la mer.

C.   *rotundata* Wahlbg.

C.   *pulla* Good., à 60^m au-dessus de l'Océan.

C.   *pallescens* L.. de 30^m à 360^m.

C.   *capillaris* L., au niveau de la mer.

Scirpus cæspitosus L.   "

Eriophorum vaginatum L., au niveau de la mer.

E.   *angustifolium* Sm., à 200^m de hauteur.

GRAMINEÆ.

Alopecurus geniculatus L., au niveau de la mer.

Phleum alpinum L., bords de la mer.

Agrostis alpina Mert et Koch.   "

Arundo stricta Timm.   "

A.   *Calamagrostis.*   "

Avena flexuosa Schranck., de 0^m à 620^m.

A.   *pubescens* L.   "

Hierochloa borealis R. et Sch., de 0^m à 160^m.

Aira cæspitosa L.
Melica cærulea L.   } de 0^m à 195^m.

M.   *nutans* L., de 0^m à 325^m.

Poa alpina L.
P.   *annua* L.   } au niveau de la mer.

P.   *trivialis* L.   "

P.   *nemoralis* L., de 325^m à 370^m.

Festuca rubra L.   "

Anthoxanthum odoratum L., de 0^m à 620^m.

Milium effusum L., de 30^m à 360^m.

Nardus stricta L., au niveau de la mer.

FILICES.

Botrychium lunaria Sw., à 325^m au-dessus de la mer.

Allosorus crispus Bernh., de 200^m à 570^m.

Aspidium fragile Sw., à 390^m.

Athyrium filix-fœmina Roth. de 30^m à 160^m.

Polypodium vulgare L., au niveau de la mer.

LYCOPODIACEÆ.

Lycopodium clavatum L.	»

L.	*alpinum*, à 195^m au-dessus de la mer.

L.	*selago*, de 200^m à 650^m.

L.	*selaginoides*.	»

§ X.

TROMSÖE.

Lat. 69° 40ʹ N. Long. 16° 50ʹ E.

Nous arrivâmes à Tromsöe le dimanche, 6 juillet
1838, par un temps admirable ; aussi fûmes-nous vive-
ment impressionnés à l'aspect de cette ville étendue le long de la mer sur les bords d'un étroit chenal qui la sépare du continent. L'île sur laquelle elle
est située est petite et assez plate ; mais en face d'elle,
sur la terre ferme, se dressent de hautes montagnes
couvertes de neiges éternelles. C'était un spectacle
tout nouveau pour nous de voir la rue principale
pleine de Lapons dans leur costume national. Les
hommes semblaient s'entretenir de leurs affaires ; les
femmes se reposaient auprès du berceau de leurs
petits enfants qu'elles avaient apportés sur leur dos.
A l'extrémité de la rue, on apercevait les débarcadères
en bois qui s'avancent dans la mer ; des navires se

balançaient dans le port, et au-dessus de leurs mâts la perspective se terminait par de hautes montagnes bien découpées, et couvertes de neige jusqu'à leur pied. Je reconnaissais la Laponie telle que je me l'étais figurée en imagination, lorsque je lisais, dans mon enfance, le voyage de Léopold de Buch. Je retrouvais le paysage tel qu'il l'avait dépeint; la ville seule était changée, elle s'était accrue, agrandie, embellie; le commerce l'avait transformée, et elle possédait tous les agréments, toutes les institutions d'une capitale en miniature. Tromsöe repose sur un banc coquillier, émergé récemment du sein de la mer. L'intérieur de l'île, dont le point culminant ne dépasse pas 130 mètres, est formé de schiste micacé et de couches de calcaire grenu.

Nous sortîmes de la ville, M. Anglès et moi, pour parcourir les environs. Dès les premiers pas, nous trouvâmes des flaques de neige dans les dépressions du sol, et une citerne de $1^m,6$ de profondeur, qui était entièrement tapissée de glace. La température de l'air était à 5° seulement au-dessus de zéro, et cependant nous étions au milieu de l'été. Nous devions donc nous attendre à trouver une végétation entièrement alpine; car, à supposer que quelques plantes de nos plaines se fussent aventurées jusqu'à Tromsöe, la somme de chaleur qu'elles avaient reçue n'était pas encore suffisante pour les faire fleurir. Toutefois nous rencontrâmes, dès les premiers pas, quelques-uns de ces végétaux cosmopolites qui semblent s'accommoder de tous les climats : c'étaient *Taraxacum dens-leonis* et

Lotus corniculatus. Nous traversâmes ensuite une petite colline couverte de Bouleaux grêles à forme pyramidale, de trois à cinq mètres de hauteur. *Thalictrum alpinum*, *Alchemilla vulgaris*, *Vaccinium myrtillus*, *Polygonum viviparum*, *Festuca ovina*, *Trientalis europæa* et *Geranium sylvaticum* fleurissaient à leurs pieds. *Aconitum septentrionale*, *Trollius europæus* et *Spiræa ulmaria* n'avaient encore que des feuilles. De l'autre côté du monticule, s'étendait un vaste marais tourbeux. Il était couvert de bouquets de Saules (*Salix lanata* L., *S. chrysantha* Wahl) portant des chatons dorés d'un décimètre de long. Nous fûmes charmés de l'aspect de cet arbuste, qui semblait végéter ici dans toute sa force et dans toute sa beauté. Le Bouleau nain, *Caltha palustris*, *Rubus chamæmorus*, *Pinguicula alpina*, var. *alba*, *Eriophorum vaginatum* E. *angustifolium* Roth., *Carex ustulata* Wahlbg. , *C. subspathacea* Wormsk., *C. atrata* L., et *C. microglochin* Wahlbg., avaient envahi le reste du terrain. Près de ce marais paissaient quelques vaches très-petites et complétement privées de cornes. Plantes et animaux, tout subit l'influence de ce climat rigoureux. Peu à peu, à mesure que le soleil s'approchait de l'horizon, la brume était descendue sur la terre et avait assombri le paysage. Bientôt elle devint tellement épaisse que nous avions de la peine à reconnaître le chemin. Grâce à notre boussole, nous pûmes nous orienter, et nous revînmes à Tromsöe en traversant un petit bois formé des tiges grêles du *Salix arenaria* L. Au sortir de ce bois, nous nous trouvâmes tout à coup au milieu des maisons; car ici la nature sauvage est aux portes des villes. C'est vers la mer et le commerce maritime que sont tournés toutes les idées, tous les efforts. Pour ces marchands laborieux, pour ces matelots intrépides, les îles nombreuses qui bordent la côte du Finmark ne sont que des points de relâche, semés au milieu d'une mer poissonneuse. L'agriculture étant nulle, la campagne n'existe pas, elle est sans utilité comme sans attraits, et une ville n'est qu'un port, ou plutôt un navire à l'ancre au fond d'un golfe ou au bord d'un détroit favorables à la pêche ou à la navigation.

ASCENSION AU TROMSDALSTIND.

Le bateau à vapeur devant séjourner encore deux jours à Tromsöe, nous résolûmes, M. Anglès et moi, de profiter de ce retard pour faire l'ascension de l'une des montagnes neigeuses qui s'élevaient en face de la ville. M. Due, ingénieur hydrographe de la marine norvégienne, nous désigna le Tromsdalstind ou Ramfjordtind [1], comme la cime la plus élevée des environs. Nous partîmes le 7 juillet au matin, avec un guide portant quelques provisions; et le chien de M. Due, qui semblait deviner qu'il s'agissait d'une excursion lointaine, nous suivit spontanément. Nous traversâmes d'abord le détroit, et j'observai mon baromètre au bord de la mer : il marquait 761^{mm},66 ; l'air

---

[1] Voyez Keilhau, *Erster Versuch einer geognostischen Karte von Norwegen. — Erstes Blatt*, 1844.

était à 7° au-dessus de zéro. Après une courte montée, nous nous engageâmes dans une longue et étroite vallée qui se prolongeait au loin. Elle était assez bien boisée. Des Bouleaux (*Betula pubescens* Ehrb.) de dix mètres de haut et de o^m, 27 à o^m, 37 de diamètre ; des Aunes (*Alnus incana*, var. *virescens* Wahlbg.) et des Saules (*Salix lanata* L., et *S. glauca* L.) de cinq mètres de haut variaient agréablement le paysage. Ils ne formaient pas de bois continus, mais des bouquets épars, et partout l'on trouvait des souches ou des troncs atteints par la hache imprévoyante du Lapon nomade, qui pourrissaient sur le sol et se couvraient de mousses colorées, parmi lesquelles je recueillis *Hypnum uncinatum* Hedw., *Weissia crispula* Hedw., *Bryum nutans* Schrad., *B. crudum* Schreb. Je pris la température d'une source qui sortait des flancs de la montagne à vingt mètres environ au-dessus de la mer : elle était à 2°, 9. Cependant nous avancions toujours sur le côté droit de la vallée. Le chant monotone du coucou nous accompagnait au milieu de ces solitudes. Tout à coup un spectacle nouveau et inattendu s'offrit à nos yeux ; c'était un petit troupeau de rennes qui paissaient dans une prairie tourbeuse. Nous apercevions ces animaux pour la première fois ; malheureusement ils nous virent aussi, et rejetant en arrière leur noble tête chargée de bois qui semblaient couchés sur leur dos, ils disparurent à l'instant. Ces rennes n'étaient point à l'état sauvage ; ils appartenaient à quelque Lapon campé dans les environs ; suivant leur habitude, ils s'étaient fort éloignés des tentes de leur pasteur, toujours prêts à reprendre leur liberté dès que la surveillance du maître et la vigilance de ses chiens seraient un instant en défaut.

A mesure que nous pénétrions dans la vallée, la végétation devenait plus belle, parce que l'influence hostile des vents de mer se faisait moins sentir. Les Bouleaux prenaient de grandes proportions. L'un d'eux avait douze mètres de haut et o^m, 54 de diamètre à la base. Les Sorbiers des oiseleurs s'élevaient à trois mètres. Entre autres plantes j'avais recueilli dans cette vallée *Viola biflora*, *Arabis alpina*, *Mysotis strigulosa* Reichb., *Erigeron alpinum*, appartenant toutes, comme on sait, à la région subalpine; toutefois, je l'avoue, je fus surpris de rencontrer de belles touffes fleuries de *Saxifraga oppositifolia* à 52 mètres seulement au-dessus du niveau de la mer [1]. Deux sources qui sortaient des flancs de la montagne, à la même hauteur, avaient une température de 2°, 9 et de 3°, 1.

[1] Lessing (*Reise nach den Loffoden*, p. 44) a trouvé cette plante au bord de la mer, au pied du Kunnen, par lat. 66° 57′ N., long. 10° 58′ E. Dans les Alpes de la Suisse et de la Savoie, la Saxifrage à feuilles opposées s'élève souvent au-dessus de la limite des neiges éternelles, qui est, en moyenne, à 2710 mètres au-dessus de la mer. Rarement cette plante est au-dessous de 1500 mètres. Dans le Jura, elle ne croît qu'au sommet du Reculet, à 1720 mètres sur la mer. Sur les Pyrénées, Ramond l'a trouvée à 3000 mètres sur le mont Perdu. Elle existe encore au nord du Spitzberg par 81° de latitude, et dans l'Amérique septentrionale, elle s'avance jusqu'à l'île Melville (lat. 73° 47′ N., long. 113° 8′ O.).

Nous commencions à monter une pente assez roide le long du flanc septentrional de la vallée. Les Bouleaux devenaient plus petits et plus rares. Enfin, nous arrivâmes à une zone où tous étaient morts, quoique debout. L'un d'eux portait un énorme champignon amadouvier (*Polyporus igniarius* Fr.). Je considérai ce point comme étant la limite au-dessus de laquelle le Bouleau commun ne peut pas s'établir d'une manière permanente. Nous étions à 365 mètres au-dessus du niveau de la mer. A peine le Bouleau blanc avait-il cessé qu'il fut remplacé par son congénère le Bouleau nain, accompagné du Genévrier rabougri des montagnes. Nous commençâmes alors à gravir les pentes du Tromsdalstind. A 555 mètres, nous trouvâmes des flaques de neige très-étendues. Toutefois, elles n'étaient pas continues, et dans les îles qu'elles laissaient entre elles, *Salix reticulata, Dryas octopetala* et *Silene acaulis* couvraient le sol d'un tapis de verdure et de fleurs. Nous atteignîmes bientôt une zone de rochers confusément entassés, sur lesquels végétaient un grand nombre de Lichens, et entre autres : *Peltigera polaris* Fr., *P. nephrunca* Ach., *Cetraria nivalis* Fr. et *Cladonia uncialis*, var. *oxyceras* Fr. Ces derniers ressemblaient à des rognons ou à des aiguilles de soufre, et leur belle couleur jaune contrastait avec la teinte noire de la roche qu'ils tapissaient.

A 780 mètres nous dépassâmes la limite du Genévrier. L'*Andromeda tetragona* et le *Salix reticulata* végétaient encore à l'abri de gros blocs tapissés des plaques rouges du *Solorina crocea* Ach. Enfin, à 845 mè-

tres, nous trouvâmes la limite extrême du Bouleau nain
et du Saule à feuilles réticulées. A partir de ce point,
nous ne quittâmes plus la neige. Environnés de nuages
épais qui nous permettaient à peine de voir à quelques
pas en avant, nous montions pour ainsi dire au hasard
pour atteindre un sommet invisible. Quelquefois nous
nous trouvions tout à coup au bord d'un escarpement
de glace dont la base se perdait au milieu des nuages,
et semblait plonger dans le vide. Alors nous nous
détournions de notre direction pour en prendre une
autre qu'il fallait bientôt abandonner à son tour.

Le guide, aussi embarrassé que nous, marchait
silencieusement à quelques pas en arrière. Le chien,
la tête basse et la langue pendante, semblait regret-
ter amèrement d'avoir suivi des promeneurs aussi
entreprenants. Plusieurs fois nous fûmes tentés de
renoncer à atteindre cette cime qui semblait s'élever
à mesure que nous nous en rapprochions ; mais pour
des coureurs de montagnes un sommet est un ennemi
qu'on ne peut vaincre qu'en lui mettant le pied sur
la tête ; aussi nous gravissions courageusement les
nouvelles pentes de neige qui se déroulaient devant
nous, quoique enveloppés de nuages qui devenaient
de plus en plus épais. Enfin, nous entendîmes la
voix de M. Anglès qui nous appelait joyeusement ;
il se trouvait près d'une pyramide de pierres sèches,
sur un mamelon étroit que rien ne dominait ; c'était
le sommet du Tromsdalstind. Je suspendis mon baromètre à mon bâton de voyage : la colonne mercurielle
n'avait plus que 652^{mm},21 de longueur. Le thermomètre

marquait — 1°. Nous étions à 1234 mètres au-dessus du niveau de l'Océan. Privés de l'admirable vue que nous aurions eue sur les montagnes et sur la mer si le ciel fût resté serein, nous nous assîmes sur les pierres; le chien se coucha à nos pieds, et nous dînâmes tous les quatre avec un appétit inconnu dans les ré-gions inférieures de l'atmosphère. Une bouteille de vin de France fut vidée à la santé de tous les voyageurs, et laissée sous la pyramide avec nos noms et la date de notre ascension. Nous redescendîmes ensuite ra-pidement; mais la vallée nous sembla d'une longueur désespérante. Enfin nous parvînmes de nouveau au bord de la mer, et le canot qui nous avait amenés nous déposa sur l'embarcadère de Tromsöe. Le bateau à vapeur y resta encore le lendemain, et nous eûmes toute la journée la satisfaction tardive et dérisoire de contempler la cime neigeuse du Tromsdalstind qui se détachait sur l'azur d'un ciel sans nuages. Le jour suivant nous partîmes pour Kaafiord.

§ XI.

ALTEN.

Lat. 70° 0′ N. Long. 21° 10′ E.

On donne le nom d'Alten à un district du Finmark qui entoure le fiord ou golfe du même nom. Comme tous ceux de la Norvége, ce golfe s'enfonce profon-dément dans les terres, et de grandes îles, telles que

Stiernöe, Seyland et Söröe, le séparent de la pleine mer, dont il est éloigné de 2° 30′ en longitude. Le golfe se termine par deux bras : l'un au S. E., étroit et court, prend le nom de Kaafiord ; l'autre, à l'Ouest, beaucoup plus large et plus long, celui de Räfsbotten [1]. Les villages de Talvig, Bossekop, Elvebakken, l'hôpital d'Altengaard et le grand établissement métallurgique de Kaafiord occupent le bord oriental et méridional du golfe ; sa rive occidentale est presque inhabitée. Les environs de l'Altenfiord sont très-accidentés et dominés par de hautes montagnes. La plus élevée de toutes, le Storvandsfield, s'élève à 920 mètres ; les autres sont beaucoup moins hautes. Dans leurs herborisations, MM. Blytt et Lund [2] ne paraissent pas avoir dépassé la hauteur de 500 mètres ; dans les miennes, je ne me suis pas élevé au-dessus de la limite du Bouleau, qui est à 300 mètres environ.

Tous les voyageurs ont été frappés de la beauté des rives de l'Altenfiord. M. de Buch compare le golfe aux plus beaux lacs de la Suisse, et ses perspectives lointaines à celles de l'Italie. C'est l'effet qu'il produit lors-

---

[1] Voyez la Carte des anciennes lignes du niveau de la mer entre Kaafiord et Hammerfest, par A. Bravais, *Atlas de physique*. — L. von Buch, *Reise durch Norwegen und Lappland*, première carte. — Keilhau, *Erster Versuch einer geognostischen Karte von Norwegen, Erstes Blatt*, 1844. — *Sweden and Norvay*, by J. Arrowsmith.

[2] Lund's Reise durch die Nordlande und West-Finmarken im Sommer 1841. *Archiv Scandinavischer Beytraege zur Naturgeschichte*, t. I, p. 99 ; 1845.

qu'on le découvre à la suite d'une longue navigation le long des côtes nues et escarpées de la Norvége, après avoir traversé l'aride plateau lapon, ou en revenant des mers glacées du Spitzberg. Alors le contraste prête au paysage un attrait singulier. Mais l'impression serait-elle aussi agréable si l'on était tout à coup transporté à Alten sans passer par des pays si propres à augmenter le charme de ce paradis du Finmark? Quoi qu'il en soit, le botaniste ne saurait désirer une contrée plus propre à favoriser ses recherches. Dans un rayon peu étendu, il trouve toutes les expositions, tous les sols, toutes les stations. Près de Talvig, des bois de Bouleaux et des terrains humides ou marécageux ; sur les rochers escarpés qui bordent la côte, des taillis de la même essence, au milieu desquels croissent le Sorbier des oiseleurs, le Tremble et le Groseillier rouge à l'état sauvage.

Aux environs de Talvig et de Bossekop s'étendent des marais tourbeux où règnent le Bouleau nain, le *Rubus chamæmorus*, un grand nombre de *Juncus*, de *Carex* et d'*Eriophorum*, dont les blanches aigrettes se balancent au-dessus du tapis vert formé par les *Sphagnum*. Le village d'Elvebakken est dominé par des collines sèches et sablonneuses qui le protégent contre les vents glacés du Sud-Est. A leur pied sont les derniers champs cultivés de l'Europe. Nulle part les céréales ne sont aussi voisines du pôle boréal. C'est de l'orge carrée de printemps que le paysan finnois y récolte au milieu de septembre ; mais le grain ne mûrit pas tous les ans, et même dans les meilleures années on est obligé de faire sécher la paille dans des fours. On retrouve dans ces champs les plantes qui disputent le sol à nos céréales, ex. : *Thlaspi bursa-pastoris*, *T. arvense*, *Sinapis arvensis*, *Alsine media*, *Asperugo procumbens*, *Galeopsis tetrahit*, *G. versicolor*, *Triticum repens*, etc.

Les rives sablonneuses de l'Alten, qui se jette dans la mer Glaciale près d'Elvebakken, nous offrent les arbustes qui bordent les rivières, savoir, *Tamarix germanica* et *Salix mayalis*. Sur le rivage de la mer, où le fleuve étend chaque jour ses atterrissements, on rencontre *Pisum maritimum*, *Plantago maritima*, *Cochlearia anglica*, *Allium schœnoprasum*, *Elymus arenarius* et *Carex glareosa*. En remontant le fleuve, on entre dans la vallée d'Eybu [1]. Là, sont des forêts de Bouleaux aux branches pendantes, des Aunes et des Pins aussi beaux que dans nos climats. On y trouve à la fois, *Valeriana officinalis*, *Chœrophyllum sylvestre*, *Ribes rubrum*, *Rubus arcticus*, *Sonchus sibiricus*, *Saussurea alpina* et *Pedicularis sceptrum-carolinum*, c'est-à-dire des plantes de France confondues avec les végétaux du Nord.

Près de Kaafiord et de Bossekop, des forêts de Pins sylvestres couronnent des terrasses sablonneuses et s'élèvent le long des flancs de la montagne jusqu'à 220 mètres au-dessus des eaux du golfe. A l'ombre de ces arbres séculaires, on voit un singulier mélange de plantes étonnées de se trouver réunies :

---

[1] Voyez page 101.

Calluna erica, *Ledum palustre*, *Actæa spicata*, *Spiræa ulmaria*, *Pyrola secunda* croissent pêle-mêle avec *Salix reticulata*, *Silene acaulis*, *Saxifraga aizoides* et *Tofieldia borealis*, etc., etc. Dans cette population d'individus originaires presque tous des régions moyennes de l'Europe, les Flores alpines, subalpines, boréales et tempérées ont chacune leurs représentants. Les végétaux de la plaine se sont avancés de proche en proche jusqu'à ces hautes latitudes, tandis que ceux des montagnes sont descendus à mesure que la température le leur permettait. On reconnaît ici l'influence d'un climat égal, dont les hivers ne sont pas rigoureux au point de tuer les végétaux robustes des zones tempérées, et dont les étés ne sont pas assez chauds pour dessécher les plantes des hautes Alpes qui se plaisent au milieu des nuages chargés de pluie, et redoutent également les ardeurs de l'été et les rigueurs d'un printemps trop hâtif.

§ XII.

CLIMAT DE L'ALTENFIORD.

Grâce aux observations faites à Kaafiord par MM. Thomas, Crowe et Ihle, et à Bossekop, par les membres hibernants de la Commission du Nord, MM. Lottin, Bravais, Lilliehöök et Siljeström, nous avons des données suffisantes sur le climat de l'Altenfiord. La connaissance de ce climat est également intéressante pour le météorologiste, le botaniste et l'agriculteur. Pour le météorologiste, parce qu'elle fixera d'une manière positive un des points de l'isotherme de zéro, les plus rapprochés du pôle; pour le botaniste, en lui montrant sous quelles conditions climatériques peuvent végéter une foule de plantes fort répandues en Europe; pour l'agriculteur enfin, parce que c'est près d'Alten que se trouvent les champs cultivés les plus septentrionaux de l'Europe.

La température moyenne de l'Altenfiord est de + 0°,49, c'est presque le point de congélation. Celle des quatre saisons météorologiques, où l'hiver est représenté par décembre, janvier et février, se répartit de la manière suivante :

MOYENNES DES SAISONS MÉTÉOROLOGIQUES.

Hiver........	— 7°,33	Été.............	10°,13
Printemps.....	— 0°,66	Automne........	— 0°,33

Le climat d'Alten [1] est, comme on le voit, essentiellement marin ou égal, puisque la différence entre l'hiver et l'été est de 17°, 5 seulement. Ainsi l'hiver n'a point les rigueurs de ceux de la Suède et de la Sibérie, mais l'été est sans chaleur; quant au printemps et à l'automne, leur température est peu différente de celle de la moyenne de l'année, et, sous le point de vue botanique, on peut dire que ces deux saisons se

[1] Comme point de comparaison, je mets en regard le climat de Paris.

Hiver............	3°,2	Été.............	18°,1
Printemps........	10,3	Automne........	11,2

réduisent chacune à un mois. En effet, c'est dans le mois de mai seulement que le thermomètre se tient habituellement au-dessus de zéro, quoiqu'il descende encore souvent au-dessous, puisque son minimum moyen est de —5°, 45. Il en est de même du mois de septembre, qui, étant plus chaud (moy. 5°,66) que celui de mai (moy. 4°,81), achève la maturité de quelques fruits, et provoque l'épanouissement tardif d'un grand nombre de fleurs. La moyenne d'octobre est déjà au-dessous de zéro, et son minimum moyen (— 9°, 95) tellement bas, que la végétation est complétement arrêtée au commencement ou dans le cours de ce mois.

Si l'on prend la moyenne de ces quatre saisons *physiologiques* où l'hiver est représenté par octobre, novembre, décembre, janvier, février, mars et avril; l'été par juin, juillet et août; le printemps par mai; l'automne par septembre, on obtient les nombres suivants :

MOYENNES DES SAISONS PHYSIOLOGIQUES.

Hiver.........	— 5,00	Été.............	10°,13
Printemps.....	4,81	Automne........	5°,66

Les plantes d'Alten accomplissent, dans l'espace de cinq mois, toutes les phases de leur végétation. Elles se réveillent en mai de leur sommeil hivernal; mais ce n'est qu'en juin qu'elles peuvent croître d'une manière continue : alors seulement le thermomètre ne descend plus au-dessous de zéro, et si la moyenne

II. 6ᵉ DIV. — *Géographie botanique.* 6

n'est encore qu'à 8°,14 au-dessus de zéro, le maximum moyen s'élève déjà à 21° : c'est la température du mois de novembre à Paris.

Le mois de juillet est le mois le plus chaud de l'année, et cependant sa moyenne 11°,71 est supérieure de 0°,36 seulement à celle du mois d'octobre à Paris. Le maximum moyen ne dépasse pas 24°. La moyenne du mois d'août (10°,55) est supérieure de 0°,72 à celle de notre mois d'avril, et son maximum moyen ne s'élève qu'à 21°.

En résumé, la moyenne de l'été d'Alten étant inférieure de 0°,17 à celle du printemps à Paris, on se fera une idée exacte de ce climat si l'on considère son printemps et son automne, savoir, mai et septembre, comme correspondant au mois de mars à Paris, et son été comme équivalant, dans les bonnes années, au mois d'octobre ; dans les mauvaises à celui de novembre. Quant à l'hiver, on comprend que nous ne trouvions aucun terme de comparaison à Paris. Il est néanmoins très-doux , eu égard à la latitude; car déjà en Suède celui d'Hernösand (lat. 62° 38′), et en Amérique celui de Montréal par 45° 31′ de latitude N., sont plus rigoureux que celui d'Alten , qui est sous le 70ᵉ parallèle.

En parcourant la grande table de températures moyennes calculée par M. Mahlmann [1], je ne trouve point en Europe de localité au niveau de la mer, où l'été soit aussi froid que celui d'Alten. A l'ouest,

[1] Voyez Humboldt, *Asie centrale*, t. II, et Kaemtz, *Cours complet de Météorologie*, traduction française, p. 176.

ceux de Reykiavik [1] en Islande (lat. 64° 8′ N.; long. 24° 16′ O.) ont une moyenne de 11°, 37, et s'accompagnent d'hivers infiniment plus doux que ceux d'Alten, car leur moyenne est de — 1°, 6. Dans la Sibérie asiatique, Ustjansk (lat. 70° 55′ N. ; long. 136° 4′ E.) a un été de 9°, 2; mais, d'après les observations de Wrangell, la moyenne de l'hiver est de — 16°, 6. Ainsi donc, le climat d'Alten n'est pas aussi égal que ceux des îles du nord de l'Europe, mais il l'est infiniment plus que celui de tous les points situés sous l'isotherme de zéro. Pour mettre ce fait hors de doute, je donne ici la liste des villes situées sous cette courbe isotherme, avec les températures de l'année, de l'hiver et de l'été.

TEMPÉRATURES MOYENNES DES VILLES SITUÉES SOUS L'ISOTHERME DE ZÉRO.

VILLES.	LATITUDE.	LONGITUDE.	ANNÉE.	HIVER.	ÉTÉ.	DIFFÉRENCE.	NOMBRE des années d'observation.
Slataoust....	55° 8′ N.	57° 8′ E.	— 0,7	— 16,6	15,2	31,8	4
Haapakyla..	66 27 »	21 27 »	— 0,5	— 14,2	14,4	28,6	30
Irkoutzk....	52 16 »	101 58 »	— 0,2	— 17,6	15,9	33,5	10
Alten........	70 0 »	21 10 »	— 0,1	— 7,6	8,8	16,4	5
Eyafiördur..	65 40 »	22 0 O.	0,0	— 6,2	7,7	13,9	2
Uleaborg....	65 3 »	32 6 E.	0,7	— 11,1	14,3	25,4	6

[1] *Observationes meteorologicæ a 1 jan. 1823 ad 1 aug. 1837, in Islandia factæ à Torstenscnio, medico.* Hafniæ, 1839.

6.

Je n'entrerai pas dans l'examen de toutes les moyennes mensuelles d'Alten ; j'ai discuté celles de l'été ; celles de l'hiver sont de peu d'importance pour les végétaux herbacés qui sont ensevelis sous une épaisse couche de neige. Les arbres et les arbrisseaux peuvent seuls en être affectés ; mais ici les moyennes sont moins intéressantes que les extrêmes de froid sur lesquels nous insisterons bientôt.

Le tableau suivant comprend toutes les températures mensuelles que j'ai pu réunir. La plupart m'ont été communiquées par les observateurs : les autres ont été déjà publiées [1].

[1] Ueber die Temperatur und den mittlern Barometerstand zu Kaafiord bey Alten in Finmark von M. Ihle (*Poggendorffs, Annalen der Physik*, t. 58, p. 337. 1843.)—Remarks on the meteorological observations made at Alten, Finmarken by S. H. Thomas, in the years 1837, 1838 and 1839, by Major Sabine and Col. Sykes. (*The Edinburgh and Dublin philosophical Magazine*, t. XVII, p. 295. 1840.)

TEMPÉRATURES MENSUELLES A ALTEN [1].

Lat. 70° 0' N. Long. 21° 10' E.

MOIS.	1837.	1838.	1839.	MOYENNES de 1839 et 1840.	MOYENNES de 1840 et 1841.	1842.	1843.	MOYENNES GÉNÉRALES.
Janvier.....	»	— 9,17	— 9,10	»	— 11,06	»	— 4,87	— 9,05
Février.....	»	— 13,21	— 7,80	»	— 5,71	»	— 5,51	— 7,59
Mars......	»	— 7,36	— 9,79	»	— 4,28	»	»	— 6,43
Avril......	»	— 1,20	— 2,01	»	— 0,91	»	»	— 0,35
Mai......	»	3,15	7,55	»	4,26	»	»	4,81
Juin......	»	6,25	7,35	»	9,47	»	»	8,14
Juillet......	»	11,85	10,65	»	12,17	»	»	11,71
Août......	»	8,35	8,95	»	12,45	»	»	10,55
Septembre..	»	5,60	5,15	»	5,95	»	»	5,66
Octobre....	0,08	— 2,03	»	1,16	»	— 1,77	»	— 0,28
Novembre..	— 2,07	— 8,45	»	— 5,37	»	— 8,42	»	— 5,94
Décembre..	— 6,94	— 6,82	»	— 4,53	»	— 3,87	»	— 5,34
Moyennes..	»	— 1,09	»	»	»	»	»	0,49

[1] Je dois compte aux météorologistes de la manière dont ces

Les moyennes mensuelles ne sont pas les seuls éléments que le botaniste doit considérer dans un climat. Les extrêmes sont d'un intérêt plus grand encore. En effet, une foule de plantes sont tuées par des froids intenses, mais passagers, que les moyennes hiver-

moyennes ont été obtenues. Celles d'octobre 1837 à septembre 1838 ont pour base des observations faites à Kaafiord par M. Thomas, à 9ʰ du matin, 2ʰ de l'après-midi, et 9ʰ du soir. J'ai pris la moyenne des deux heures homonymes.

D'octobre 1838 à mars 1839, j'ai fait usage des moyennes diurnes calculées par M. Bravais, d'après les observations bihoraires faites jour et nuit par les observateurs de Bossekop [1].

D'avril à septembre 1839, la moyenne diurne est exprimée par la demi-somme des températures de 8ʰ du matin et 8ʰ du soir observées à Kaafiord par M. Thomas.

Les moyennes des trois derniers mois de 1839 et 1840 et de tous les mois des années 1840 et 1841 ont été calculées par M. Reich de Freyberg, d'après les observations de M. Ihle. Les corrections, toutes négatives, ont été faites d'après les observations horaires de Plymouth : elles sont probablement un peu trop fortes, car la variation diurne est plus considérable à Plymouth qu'à Alten. Les nombres de 1842 et 1843 m'ont été communiqués obligeamment par M. Crowe, consul général d'Angleterre à Christiania, qui était à cette époque directeur des mines de Kaafiord.

Je me suis livré à de longs calculs pour appliquer une correction aux moyennes mensuelles déduites de deux heures homonymes. D'abord j'ai eu recours à la série faite par Neuber à Apenrade [2], mais la variation diurne étant encore beaucoup plus grande qu'à Alten, ces observations auraient donné des coefficients trop forts. En effet, sous le 70ᵉ la variation diurne est presque nulle pendant les deux saisons

---

[1] *Voyez* la Météorologie des *Voyages en Scandinavie*, I, p. 291 à 421.

[2] *Observationes meteorologicæ a cal. Juniis 1824 ad cal. Junias 1826 Apenroæ in ducatu Slesvicensi factæ ab* A. Neuber. Hafniæ, 1829.

nales n'accusent pas; un grand nombre d'autres ont besoin, pour fleurir et fructifier, d'un certain degré de chaleur, qui est également dissimulé dans les moyennes de l'été. Mais pour pouvoir généraliser, il

extrêmes où le soleil est toujours au-dessus ou au-dessous de l'horizon. On peut s'en assurer pour l'hiver en examinant celle que M. Bravais[1] a trouvée pour les 40 jours qui ont précédé, et les 40 jours qui ont suivi le solstice d'hiver de 1838. Pendant ces 80 jours la demi-somme des températures de 8 ^{h} du matin et 8 ^{h} du soir est *inférieure* à la moyenne diurne conclue d'observations bihoraires, de 0°, 04 seulement. En été, la variation horaire n'est guère plus forte. J'en trouve la preuve dans la série trihoraire faite à Hammerfest par M. Bravais[2], du 12 juillet au 1er août 1839. La demi-somme des températures de 8 ^{h} du matin et 8 ^{h} du soir est *supérieure* à la moyenne diurne conclue d'observations trihoraires, de 0°, 10. Dans les saisons intermédiaires, le printemps et l'automne, la variation diurne est un peu plus forte. Ainsi, en mars la différence positive entre la moyenne conclue des mêmes heures homonymes et la moyenne vraie est de 0°, 47; en octobre, de 0°, 32. Comme je n'avais point de série horaire ni même trihoraire pour les mois d'avril, mai, juin, août et septembre, j'ai préféré n'appliquer aucune correction à mes nombres; d'autant plus que tous les météorologistes savent fort bien que parmi toutes les causes qui faussent les indications du thermomètre, la plupart tendent à les rendre trop fortes; tels sont les abris qui le protégent contre le vent, le rayonnement des objets voisins, l'approche de l'observateur, le déplacement du zéro, etc.: or, si quelques-unes de mes moyennes sont un peu trop basses, elles se rapprochent néanmoins beaucoup plus de la *véritable* température de l'air que si elles étaient trop hautes. Je m'en suis souvent assuré expérimentalement en lisant successivement un thermomètre immobile et le même instrument tourné en

1 Kaemtz, *Cours complet de Météorologie*, traduction française, p. 18, la note.
2 Météorologie, 1, p. 453.

ne faut pas considérer des extrêmes isolés souvent exceptionnels ; il faut prendre la moyenne de ces extrêmes, c'est-à-dire le minimum et le maximum moyen. Le tableau suivant montre que tout arbre qui ne peut pas braver impunément un froid de —22° ne saurait vivre à Bossekop, et celui qui ne supporterait pas des températures de — 35° n'y persisterait pas longtemps. Le Pin sylvestre, le Bouleau pubescent, le Bouleau nain, le Sorbier des Oiseleurs, le Tremble, l'Aune blanc, un certain nombre de Saules, le Genévrier et le Groseillier sauvage résistent seuls à cet âpre climat. Les autres arbres de l'Europe moyenne n'y vivraient pas longtemps.

Pendant l'hiver il est pour ces végétaux une autre cause de refroidissement que nous ne saurions négliger ; c'est celle qui résulte du rayonnement nocturne. La nuit étant continuelle, la sérénité du ciel ne favorise point l'échauffement du sol pendant le jour comme dans nos climats ; mais elle est pour la plante une cause puissante de refroidissement, à cause du rayonnement de toutes ses parties vers l'espace. Ainsi, en hiver, dans une série de temps sereins, et à égalité de froid, un arbre rayonnera deux fois plus à Alten qu'à Paris ; et comme le sol ni l'air ne

fronde : la différence s'élève presque toujours à 0°,5 ; 1°, et même 2°. Les thermomètres lus par les observateurs d'Alten étaient des instruments immobiles et abrités, dont les indications sont par conséquent toujours un peu trop fortes. Pour toutes ces raisons j'ai préféré ne point faire de corrections, laissant à chacun la liberté d'appliquer celles que je viens d'indiquer.

s'échaufferont pas aux rayons du soleil pendant le jour, on peut dire, sans exagération, qu'il se refroidira quatre fois plus à Alten qu'à Paris. Un ciel découvert est beaucoup plus commun sur les bords de l'Altenfiord en hiver qu'en été : en effet, les cinq mois d'hiver nous offrent un total de 61 jours sereins, et ici encore la statistique est d'accord avec le témoignage unanime des habitants qui vantent sans cesse la sérénité de leur ciel par les grands froids, lorsque le vent de sud-est, descendant du plateau glacé de la Laponie, repousse les brouillards et les nuages que les vents occidentaux amènent sans cesse des mers environnantes.

C'est ici le lieu de parler de quelques expériences sur la température interne des Pins qui ont été faites à Bossekop, du 14 octobre 1838 au 16 mars 1839, par M. Bravais, et à Kaafiord, dans l'hiver de 1839 à 1840, par M. Thomas.

M. Bravais avait fixé dans l'intérieur d'un tronc de Pin sylvestre un thermomètre à mercure. La boule occupait le centre du tronc, et le trou fut bouché hermétiquement avec du suif fondu. Le diamètre de l'arbre à cette hauteur était de 0^m, 16. On lisait ce thermomètre tous les jours. Les températures suivent dans l'intérieur du tronc la courbe des températures de l'air, avec un retard de huit à douze heures. Le minimum observé dans l'arbre a été de — 22°, 7 ; celui qui lui correspond dans l'air est de — 23°, 5. L'arbre paraissait donc se comporter comme ferait un tronc mort, mais debout, d'égal diamètre, et pareillement exposé à l'air. Ces expériences montrent de plus

que l'arbre vivant a pu résister aux plus grands froids
de l'hiver, quoiqu'ils pénétrassent jusque dans son
intérieur.

Pour apprécier avec exactitude l'influence de la vie
sur la température intérieure des végétaux, M. Thomas
voulut bien, à notre sollicitation, se livrer à de nouvelles observations. Deux thermomètres bien compa-
rés, appartenant à l'expédition, furent fixés dans deux
gros troncs de Pin, placés l'un à côté de l'autre. L'un de
ces arbres était mort, quoique encore debout : l'autre
était plein de vie. Nous possédons les observations
faites par M. Thomas en octobre, novembre et décembre 1839. Dans le cours de ces trois mois, le thermomètre descendit à — 8°, 2 ; — 15°,0 ; — 15°, 1, et s'é-
leva à 6°, 6 ; 9°, 0 et 19°,6. Comme dans les observations de M. Bravais, la courbe des températures des
arbres suit celle de l'air ; mais la moyenne dans l'arbre
vivant est *constamment un peu supérieure* à celle de
l'arbre mort. Voici le tableau de la moyenne de ces différences pour chaque mois :

Octobre.... 0°, 63.
Novembre.. 0, 41.
Décembre.. 0, 27.

L'ensemble de ces expériences prouve que le froid
pénètre jusque dans le centre des arbres vivants
comme dans celui des arbres morts ; mais que dans

le Pin vivant la température, par les grands froids, est un peu plus élevée, soit parce que la séve monte quelquefois, même par des températures moyennes de l'air inférieures à zéro, et réchauffe l'intérieur de l'arbre en se congélant, ou parce que la chaleur du sol (comme c'est le cas dans le nord de l'Europe) est supérieure à celle de l'air, et communique à la séve une partie de sa chaleur propre. Peut-être aussi l'acte de la végétation développe-t-il une certaine quantité de calorique. Nous n'entrerons pas dans l'examen de ces questions; il nous suffit d'avoir fait connaître les faits intéressants observés par MM. Thomas et Bravais.

Si l'on considère les maxima de chaleur, on peut affirmer que toute plante annuelle qui a besoin d'une température supérieure à 24° pour mûrir ses graines, ne saurait se maintenir à Alten; et pour pouvoir s'y multiplier il faudrait qu'elle n'exigeât pas une température supérieure à 22°. Les plantes banales, indifférentes pour ainsi dire au climat, celles des marais, et les végétaux propres aux montagnes ou aux contrées du Nord, peuvent seuls fructifier dans des circonstances thermiques aussi peu favorables, c'est-à-dire avec un été aussi froid et aussi court.

Le tableau suivant ne contient pas les maxima et les minima vrais, mais seulement ceux de 8ʰ à 9ʰ du matin, de 2ʰ de l'après-midi et de 8ʰ à 9ʰ du soir. Ainsi les degrés de froid comme ceux de chaud sont trop faibles. Mais ces approximations sont suffisantes pour tout ce qui concerne la végétation; d'autant plus qu'elles se rapprochent infiniment plus des maxima et des minima *vrais*, que si les observations avaient été faites dans les latitudes moyennes. En effet, dans nos régions tempérées, la variation diurne de la température dépend en grande partie de la hauteur du soleil au-dessus de l'horizon, et de son abaissement au-dessous. A Alten, au contraire, le soleil ne paraît pas en hiver, et en été il tourne autour de l'horizon sans que sa hauteur change beaucoup. Par conséquent, les froids et les chaleurs extrêmes sont moins influencés que dans nos climats par l'heure de la journée : aussi les maxima ou les minima, observés à des heures fixes, diffèrent-ils beaucoup moins que dans les basses latitudes des maxima et des minima réels [1].

---

[1] Voyez sur ce sujet Kaemtz, *Cours complet de Météorologie*, traduction française, p. 13 à 19, et *Patria,* ou *la France ancienne et moderne,* p. 238.

MAXIMA ET MINIMA DE TEMPÉRATURE A KAAFIORD PAR LES OBSERVATIONS DE 8-9 HEURES DU MATIN, 2 HEURES ET 8-9 HEURES DU SOIR.

MOIS.	MAXIMA DE TEMPÉRATURE.					MINIMA DE TEMPÉRATURE.					MAXIMA MOYENS.	MINIMA MOYENS.
	1837.	1838.	1839.	1840.	1841.	1837.	1838.	1839.	1840.	1841.		
JANVIER.	»	4, 0	3, 1	5, 2	— 3, 0	»	— 22, 0	— 16, 3	— 24, 5	— 27, 0	2,32	— 22,45
FÉVRIER.	»	— 1, 0	1, 1	7, 3	6, 0	»	— 27, 0	— 16, 2	— 18, 0	— 24, 0	3,35	— 21,30
MARS.	»	1, 5	2, 3	9, 0	5, 8	»	— 20, 0	— 20, 5	— 23, 3	— 18, 0	4,65	— 20,45
AVRIL.	»	16, 7	7, 5	10, 0	11, 1	»	— 14, 1	— 12, 1	— 18, 3	— 12, 3	11,32	— 14,20
MAI.	»	21, 1	16, 8	12, 9	17 ,7	»	— 6, 3	— 1, 3	— 7, 0	— 7, 2	17,12	— 5,45
JUIN.	»	23, 9	18, 0	22, 0	20, 0	»	0, 0	1, 7	1, 2	2, 0	20,98	1,22
JUILLET.	»	25, 6	28, 5	22, 7	25, 2	»	1, 1	1, 4	3, 5	3, 9	24,25	2,47
AOUT.	»	18, 0	17, 8	24, 3	25, 3	»	0, 0	3, 1	1, 2	0, 0	21,35	1,07
SEPTEMBRE.	»	14. 6	13, 5	20, 5	21, 0	»	0, 5	— 2, 2	— 4, 0	— 6, 2	17,38	— 3,72
OCTOBRE.	8, 8	8, 4	19, 6	9, 7	»	— 11, 0	— 11, 1	— 8, 2	— 9, 7	»	11,23	— 9,95
NOVEMBRE.	5, 3	3, 2	6, 6	4, 4	»	— 14, 2	— 16, 7	— 15, 1	— 20, 2	»	5,20	— 16,03
DÉCEMBRE.	6, 0	5, 7	9, 0	6, 5	»	— 21, 5	— 23, 7	— 15, 0	— 20, 2	»	6,55	— 20,10
Moyennes.	»	11,81	11,56	12,88	»	»	— 11,61	— 8,39	— 11,61	»	12,14	— 10,74

La lumière exerce sur les végétaux une action non moins réelle que la chaleur. Vainement vous placerez une plante dans les conditions de température les plus favorables, si la lumière lui manque elle s'étiole et dépérit. Cette influence mérite d'autant plus d'être étudiée à Alten, que les végétaux s'y trouvent dans des conditions exceptionnelles sous le point de vue de l'illumination solaire. En hiver, une nuit continuelle; en été, un jour perpétuel. L'été seul doit nous occuper, car en hiver les plantes du Nord sont pour ainsi dire privées de vie. Si le ciel était constamment serein en été, je ne doute pas que cette lumière continue n'activât singulièrement la végétation. Les tiges seraient plus fermes, les feuilles plus vertes et plus dures, les fleurs plus colorées; mais il n'en est pas ainsi, et nous devons rechercher avec soin quel est le rapport des jours sereins aux jours couverts, de brouillard, de pluie et de neige; ces hydrométéores étant considérés comme des masses qui interceptent les rayons solaires et les empêchent de favoriser chimiquement la respiration végétale.

Quoique déduit de deux années seulement, le tableau suivant confirme le témoignage des habitants; c'est que pendant les cinq mois de la belle saison les jours sereins sont peu nombreux. En effet, il n'y a que 43 jours sereins sur 153, et par jours sereins je n'entends pas seulement ceux où le soleil brille sans interruption, mais encore ceux où il se montre fréquemment. Dans les mêmes intervalles de temps, les jours couverts ou de brouillard sont de 68. On voit donc que, malgré la présence continuelle du soleil au-dessus de l'horizon, les végétaux de l'Altenfiord sont faiblement éclairés pendant l'été. Ils se développent dans des circonstances météorologiques analogues à celles au milieu desquelles vivent les végétaux des hautes Alpes qui, habitant la région des nuages, sont habituellement privés de l'influence directe du soleil. Les uns et les autres se trouvent, sous le point de vue de l'illumination, dans les conditions les plus défavorables, puisqu'elle est rare et faible en été, et qu'en hiver la sérénité du ciel n'a, comme nous l'avons vu, d'autre résultat que d'augmenter leur refroidissement en favorisant le rayonnement nocturne.

NOMBRE MOYEN DES JOURS SEREINS, COUVERTS, DE BROUILLARD, DE PLUIE, DE NEIGE ET DE VENT, A ALTEN.

(OCTOBRE 1837 A SEPTEMBRE 1839.)

MOIS.	Sereins.	Couverts.	De brouillard.	De pluie.	De neige.	De vent.
JANVIER.	13,5	6,0	3,0	0,0	1,5	6,5
FÉVRIER.	13,5	2,0	4,5	1,5	3,5	4,5
MARS.	14,5	3,0	2,0	0,5	4,5	6,0
AVRIL.	10,5	1,5	7,0	1,0	4,0	4,0
MAI.	9,0	2,0	10,0	5,5	2,0	3,5
JUIN.	7,0	6,0	9,0	3,5	1,0	3,5
JUILLET.	11,0	4,0	6,0	2,5	0,0	2,5
AOUT.	6,0	9,5	7,0	3,5	0,0	3,0
SEPTEMBRE.	10,5	5,5	8,5	3,5	0,5	3,0
OCTOBRE.	9,5	4,5	4,0	1,0	6,5	4,0
NOVEMBRE.	12,0	6,0	2,0	0,5	6,0	3,5
DÉCEMBRE.	7,0	2,0	8,0	2,5	2,5	5,5
Sommes.	124,0	52,0	71,0	25,5	32,0	49,5

Les quantités de pluie et de neige sont un élément aussi variable d'une année à l'autre que l'aspect du ciel; il faut un grand nombre d'années pour arriver à des moyennes dignes de confiance. Je n'en possède que trois; néanmoins, c'en est assez pour donner une idée de la quantité de pluie qui tombe à Alten dans le cours d'une année. Elle est de 519 millimètres, et paraît être inférieure à celle que la France reçoit annuellement [1]. C'est surtout en été et en automne que les précipitations aqueuses sont fréquentes; rarement elles sont abondantes, et c'est principalement sous forme de grains ou d'ondées passagères qu'elles arrosent la terre. Cependant, en août 1839, M. Thomas a noté une pluie de 21 millimètres, et une autre de 61 millimètres. Le plus souvent elles ne dépassent pas un centimètre. Le nombre des jours de pluie continue est aussi très-inférieur à celui des jours de brouillard ou de ciel couvert. L'eau à l'état vésiculaire, suspendue dans l'air sous forme de nuages, bas ou élevés, constitue, pour ainsi dire, l'état météorologique habituel du climat d'Alten. Pour s'en convaincre, il suffit de jeter un coup d'œil sur le tableau précédent, qui montre qu'il en est ainsi pendant 211 jours sur 360, c'est-à-dire, pendant les deux tiers de l'année. Ce climat est donc l'analogue de celui qu'on trouve dans les Alpes, entre 2300 et 2700 mètres au-dessus de la mer.

[1] Voyez *Patria ou la France ancienne et moderne*, p. 202.

QUANTITÉS MENSUELLES D'EAU DE PLUIE ET DE NEIGE FONDUE,
RECUEILLIE A KAAFIORD.

MOIS.	1838.	1839.	1840.	1841.	MOYENNES.
	mm.	mm.	mm.	mm.	mm.
JANVIER.	»	16,2	48,9	2,3	22,5
FÉVRIER.	»	13,5	44,4	24,5	27,5
MARS.	»	12,7	28,4	17,5	19,5
AVRIL.	»	40,2	26,2	8,5	40,6
MAI.	»	48,0	54,4	19,3	25,0
JUIN.	»	49,6	56,0	71,9	59,2
JUILLET.	»	28,8	80,8	100,4	70,0
AOUT.	»	161,0	29,8	93,6	94,8
SEPTEMBRE.	»	»	12,3	83,8	48,0
OCTOBRE.	55,2	26,6	16,0	»	32,6
NOVEMBRE.	81,0	71,0	13,0	»	55,0
DÉCEMBRE.	24,2	35,7	42,7	»	34,2

FLORAISON DES VÉGÉTAUX A ALTEN.

Maintenant que tous les éléments du climat d'Alten qui peuvent influer sur la végétation sont connus du lecteur, il parcourra sans doute avec intérêt des observations faites par M. Bravais sur la floraison des végétaux pendant le printemps et une partie de l'été de 1839. Rappelons sommairement les circonstances météorologiques principales qui ont accompagné le réveil de la végétation. Pendant tout le mois de mars, le thermomètre s'était tenu constamment au-dessous du point de congélation. La température moyenne — 9°,79 avait même été plus basse que celle de

II. 6ᵉ DIV. — *Géographie botanique.*   7

février. Le 2 avril, le mercure commença à s'élever à un ou deux degrés au-dessus de zéro, et se maintint jusqu'au 11 entre 0° et 4°. Le 12, le froid reprit; la colonne thermométrique redescendit à — 10°, et jusqu'au 22 avril elle ne remonta point au-dessus de la température de la glace fondante. Ce jour et les deux suivants elle oscilla entre — 8° et 2°,5; enfin, le 25 avril, le thermomètre dépassa le point de congélation pour ne plus descendre que rarement, et seulement pendant la nuit, à un ou deux degrés au-dessous. Le maximum fut de 9°,2. Pendant ce mois, la végétation des arbres n'avait pas pu faire de progrès continus, et les plantes herbacées étaient toujours plongées dans leur engourdissement hivernal, car une épaisse couche de neige couvrait encore la surface du sol. Mais, à la fin d'avril, elle fondit rapidement, et les plantes commencèrent à ressentir l'influence bienfaisante des rayons du soleil. Afin de mettre le botaniste en état d'estimer les quantités de chaleur nécessaires aux plantes boréales pour développer leurs fleurs, je donne ici l'indication des températures moyennes, depuis le 25 avril jusqu'au 15 juin, de cinq jours en cinq jours, avec la moyenne des maxima et des minima, et la quantité de pluie tombée dans chacune de ces périodes. Pendant cette série de 52 jours, le ciel fut habituellement couvert et l'air chargé de brumes; il n'y eut que trois jours sereins, ce qui explique très-bien la faible élévation de la température.

TEMPÉRATURES MOYENNES, MAXIMA ET MINIMA MOYENS,
ET QUANTITÉS DE PLUIE DE CINQ EN CINQ JOURS,
DU 25 AVRIL AU 15 JUIN, A ALTEN [1].

1839.	Température moyenne.	Maxima moyens.	Minima moyens.	Quantité de pluie.
Du 25 au 30 avril......	1,60	4,47	— 0,19	min. 0,0
Du 1er au 5 mai......;	6,60	10,00	4,66	0,0
Du 6 au 10 mai.......	3,45	6,08	1,92	2,3
Du 11 au 15 mai......	7,74	9,68	5,62	6,9
Du 16 au 20 mai.......	11,13	14,10	9,22	14,6
Du 21 au 25 mai.......	7,56	9,60	5,82	15,9
Du 26 au 31 mai......	8,00	10,55	6,63	8,3
Du 1er au 5 juin	4,44	6,68	3,50	16,8
Du 6 au 10 juin......	10,77	13,52	9,28	5,6
Du 11 au 15 juin......	8,24	11,22	5,98	16,7
Sommes........	69,53	95,90	52,44	87,1

Chaque espèce a besoin, comme on sait, d'une certaine somme de chaleur pour se couvrir de feuilles,

[1] Les moyennes diurnes du 25 au 30 avril sont déduites des
observations de 8h du matin et 8h du soir, à Bossekop. Celle des
maxima et des minima des lectures de 8h, 10h, midi, 2h, 4h, 8h et
minuit.

Les moyennes diurnes du 1er mai au 15 juin ont été calculées
d'après les observations de 8h du matin et 8h du soir, faites à
Kaafiord par M. Thomas. Les maxima et les minima moyens sont
déduits de ces deux heures, auxquelles il faut ajouter celle de
2h de l'après-midi. Je n'ai appliqué aucune correction à ces nombres, excepté celle qui était nécessitée par le déplacement du
zéro du thermomètre de Bossekop.

7.

de fleurs ou de fruits. Réaumur [1], Cotte [2], Boussingault [3], de Gasparin [4] et Quetelet [5] l'ont calculée pour quelques végétaux de la plaine. J'ai pensé qu'il serait curieux d'étudier, sous ce point de vue, celles de toutes les plantes européennes qui ont besoin de la plus faible quantité de chaleur pour porter des bourgeons ou des fleurs. MM. Boussingault et Quetelet ont parfaitement démontré qu'il fallait prendre pour point départ le moment où la végétation renaît, celui où la séve commence à monter dans la tige, moment qui nous est indiqué par le gonflement des bourgeons. Mais à Alten, la fixation de ce premier point de départ ne nous est pas indispensable. En effet, jusqu'au 1er mai, toute la chaleur a été employée à fondre l'épaisse couche de neige accumulée sur la terre, et nous pouvons admettre que les plantes ont végété, sans interruption, à partir de l'époque où le thermomètre s'est tenu constamment au-dessus du point de congélation. A $0^m,05$ de profondeur, le sol avait alors une température de $-0°,97$; c'est donc l'action directe de la chaleur de l'air et du soleil qui seule provoquait la végétation, et non celle du sol, comme sur les sommets élevés de nos Alpes.

Il est encore une autre considération qu'on ne saurait passer sous silence quand on s'occupe de ce genre

---

[1] *Mémoires de l'Académie des sciences*, année 1735, p. 559.

[2] *Traité de météorologie*, p. 424.

[3] *Comptes rendus de l'Académie des sciences*, t. IV, p. 178. 1837.

[4] *Cours d'agriculture*, t. II, p. 83.

[5] *Lettres sur la théorie des probabilités*, p. 238.

de questions. Toutes les plantes n'entrent pas en végétation à la même température; ainsi chez les unes la séve commence à monter lorsque le thermomètre est à quelques degrés seulement au-dessus de zéro; d'autres ont besoin d'une chaleur de dix à douze degrés; celles des pays chauds exigent une température de 15° à 20°. En un mot, chaque plante a son thermomètre dont le zéro correspond au *minimum* de température où sa végétation est encore possible. Par conséquent, quand on cherche quelle est la somme des températures qui a déterminé la floraison de chacune de ces plantes, il est logique de ne prendre que la somme des degrés de température supérieurs au zéro de chacune d'elles, puisque ces degrés sont les seuls qui soient efficaces pour provoquer ou entretenir leur végétation. On obtient alors véritablement une expression de la chaleur indispensable pour amener le développement des feuilles et des fleurs. Mais quand on prend pour point de départ le degré de congélation de l'eau, on additionne des degrés de température trop rapprochés du zéro thermométrique pour provoquer la végétation de la plante, avec ceux qui contribuent réellement à son développement.

Cette complication n'existe pas pour les plantes alpines ou boréales que nous avons à considérer; le zéro de leur végétation coïncide nécessairement avec celui du thermomètre, car elles fleurissent quelquefois sous la neige ou au contact de la neige, lorsque la température de l'air s'est à peine élevée au-dessus du point de la glace fondante. Leur végétation commence donc dès que la neige passe à l'état liquide. Les nombres renfermés dans la troisième colonne du tableau suivant nous indiquent donc bien les sommes de degrés nécessaires pour déterminer la floraison, car toute température supérieure à zéro est efficace pour amener ce résultat dans les plantes que nous considérons. Dans la quatrième colonne, j'ai placé la somme des carrés des températures moyennes diurnes. En effet, M. Quetelet a prouvé [1], par des observations faites pendant six ans sur l'époque du gonflement des bourgeons et celle de la floraison du Lilas à Bruxelles, que le calcul s'accordait mieux avec l'observation, lorsqu'on considérait la chaleur comme agissant à la manière des forces vives, et qu'au lieu de prendre la somme, on prenait la somme des carrés des températures. Je ne me dissimule pas que ces résultats, déduits d'une seule année, ne sont que des approximations de la quantité de chaleur que chacun de ces végétaux réclame pour sa floraison ; mais comme de longtemps peut-être on n'observera pas celle des plantes boréales avec les températures qui l'ont déterminée, je les inscris dans ce tableau, qui transformera l'ignorance absolue où nous sommes sur ce point de physiologie, en une connaissance, relative il est vrai, mais plus précise néanmoins que la plupart des données numériques dont on se contente dans les sciences naturelles. Pour donner au lecteur un point de comparaison avec un végétal connu, j'ajouterai que six années d'observation ont appris à M. Quetelet que le

---

[1] *Lettres sur la théorie des probabilités*, p. 242.

Lilas avait besoin pour fleurir d'une somme de 462 degrés ou de 4264 degrés carrés. On voit dans le tableau suivant qu'il n'est aucune de nos plantes boréales qui exige pour fleurir une quantité de chaleur égale à celle qui est nécessaire à cet arbuste dont la floraison, à Bruxelles, tombe en moyenne sur le 27 avril.

DATES DE LA FLORAISON DE QUELQUES PLANTES
ET SOMMES DES DEGRÉS THERMOMÉTRIQUES QUI L'ONT PRÉCÉDÉE.

NOMS DES PLANTES.	DATES DE LA FLORAISON.		SOMMES DES TEMPÉRATURES.	SOMMES DES CARRÉS DES TEMPÉRATURES.
Saxifraga oppositifolia	Mai	5	33°	218
Tussilago farfara		10	50	298
Eriophorum vaginatum		16	99	710
Empetrum nigrum				
Gnaphalium dioicum		22	161	1374
Menziezia cœrulea				
Veronica officinalis		25	184	1550
Alsine biflora				
Rhodiola rosea		28	215	1877
Alchemilla vulgaris	Juin	1	235	1995
Azalea procumbens		4	249	2057
Primula farinosa		5	254	2084
Geum rivale				
Vaccinium myrtillus		6	262	2113
Luzula pilosa				
Lychnis affinis		7	268	2149
Andromeda polifolia		9	292	2431
Cardamine pratensis				
Geranium sylvaticum				
Ribes rubrum				
Phaca astragalina				
Potentilla nivea		11	318	2777
Trientalis europæa				
Saxifraga cæspitosa				
Pyrola secunda				
Equisetum sylvaticum				

VÉGÉTAUX CULTIVÉS A BOSSEKOP, KAAFIORD ET TALVIG.

Je m'occuperai d'abord des plantes potagères. C'est dans les premiers jours de septembre 1839 que je me livrai à cet examen, et je fus frappé du développement énorme des parties herbacées que présentaient tous ces végétaux. Des Pois (*Pisum sativum* L.) de 1^m,5 à 2 mètres de haut portaient des stipules de 6 à 8 centimètres de long. Les feuilles avaient trois décimètres de longueur ; mais la plupart de ces plantes ne fleurissent pas ; un petit nombre seulement avaient noué leurs fruits. Les gousses vertes se mangent vers le 8 septembre, mais les graines avortent constamment. Les Épinards, le Cresson alénois étaient en pleine floraison. Les Choux frisés et pommés s'élevaient à 0^m,4 de haut, et les Choux-raves avaient un diamètre de six centimètres au niveau du renflement. Les Navets fleurissaient et les têtes de Laitue atteignaient souvent un diamètre de huit centimètres ; quelques-unes, montées en tige, avaient 0^m,7 de haut. Les Betteraves portaient des feuilles de 0^m,6 de longueur, et les pieds de Moutarde blanche et de Cerfeuil s'élevaient à 0^m,12 au-dessus du sol. Les Carottes réussissent très-bien ; elles ont une saveur douce et sucrée ; on les sème en octobre : celles que j'ai vues avaient 20 centimètres de long sur deux de diamètre au collet. On cultive aussi les Radis blancs, le Raifort, la Pomme de terre et le Céleri. Les Fraises étaient mûres, mais sans saveur, de même que le Cassis. Les Framboises n'avaient pas mûri, quoique l'année eût été favorable. On récoltait des Groseilles rouges, qui croissent en abondance dans les bois, le long de l'Alten-elv; mais leurs baies étaient très-âpres au goût, acides et imparfaitement mûres. Les fruits de cet arbrisseau ne mûrissent jamais complétement à Alten, quoiqu'il y soit évidemment indigène. J'ai fait la même observation sur les buissons de Groseilliers que l'on trouve au passage de la *Tête-Noire*, au haut de la vallée de Chamonix, entre Vallorsine et Trient [1]. Ces arbustes y atteignent jusqu'à deux mètres de haut, mais leurs fruits ne sont jamais mûrs. L'homme seul sait assigner à cet arbuste sa véritable patrie et améliorer ses produits par une culture appropriée.

Dans le jardin de l'hôpital d'Altengaard on cultivait encore quelques plantes aromatiques, parmi lesquelles les deux premières seules paraissaient prospérer; c'étaient : *Achillæa millefolium*, *Mentha piperita*, *Thymus vulgaris*, *Salvia officinalis*, *Origanum marjorana*, *Satureia hortensis*, *Artemisia vulgaris* et *Fœniculum officinale*.

M. Crowe à Kaafiord et M. Norberg à Talvig possédaient des parterres où ils s'efforçaient d'élever quelques plantes d'ornement. Voici celles qui étaient en fleur le 31 août 1839 : *Adonis autumnalis*, *Thalictrum aquilegifolium*, *Papaver somniferum*, *Matthiola incana*, *Reseda odorata*, *Calendula officina-*

---

[1] A 1200 mètres au-dessus du niveau de la mer.

lis, *Tageles erecta*, *Chrysanthemum coronarium*, *Convolvulus tricolor*, *C. purpureus*, *Clarckia pulchella*, *Lupinus varius* et *Lavatera trimestris*. On voit que même sous ce rigoureux climat l'art du jardinier n'est pas réduit à l'impuissance, et je ne doute pas qu'une culture intelligente ne puisse y naturaliser un grand nombre de plantes d'ornement, et composer des parterres moins brillants, mais plus curieux que les nôtres. Ainsi l'on y verrait toutes les plantes des hautes Alpes, les Gentianes, les Rhododendrons, les Pédiculaires, les Saxifrages, mêlées à celles de l'Amérique septentrionale et de la Sibérie. On y joindrait les végétaux annuels des zones tempérées dont la floraison exige peu de chaleur, et on composerait ainsi un parterre analogue à ceux qui ornent les jardins des grands seigneurs de l'Écosse.

§ XIV.

FLORE DE L'ALTENFIORD.

Dans les deux séjours que je fis à Alten, en juillet 1838 et en septembre 1839, je m'attachai à dresser une liste complète de tous les végétaux phanérogames du pays. Cette tâche m'a été facilitée par un envoi de plantes fait au Muséum d'histoire naturelle par M. Læstadius, pasteur à Karesuando, en Laponie. Sa collection contenait plusieurs espèces rares des environs de Bossekop. Depuis, MM. Blytt et Lund ont publié le catalogue de toutes les espèces qu'ils ont recueillies en 1841 aux environs de l'Altenfiord [1]. Je n'ose encore me flatter que cette liste soit complète ; néanmoins, elle l'est assez pour qu'on puisse en tirer quelques conséquences générales. L'addition de nouvelles espèces pourra les modifier, mais elle ne saurait les infirmer entièrement, car j'aurai toujours le soin de ne point hasarder de ces généralisations prématurées que la découverte de quelques genres ou de quelques espèces nouvelles entache d'erreur ou frappe de nullité. En donnant cette liste et celle des plantes des environs de Hammerfest et de l'île de Mageröe, mon but a été d'apporter mon humble pierre à l'édifice de la géographie botanique. En effet, l'Altenfiord est sous le 70e degré de latitude : le cap Nord, qui termine cette île par 71° 12', forme la pointe la plus septentrionale de l'Europe. Hammerfest est à moitié chemin de ces deux points par 70° 40'. Or, un certain nombre de plantes ont leur limite septentrionale entre le 70e et le 71e parallèle. Il m'a semblé curieux de l'indiquer exactement, et d'étudier ainsi les derniers soupirs de la végétation européenne, expirant peu à peu sous l'action combinée d'hivers rigoureux, d'étés sans chaleur et au milieu d'une atmosphère sans cesse chargée de brumes ou bouleversée par d'horribles tempêtes. En effet, c'est au cap Nord que finit réellement la végétation de notre continent : celle du Spitzberg appartient, comme nous le verrons

---

[1] *Archiv scandinavischer Beytraege zur Naturgeschichte.* Erstes Heft, p. 117. 1845.

ailleurs, à la Flore de l'Amérique septentrionale.
Nous renvoyons à la fin de ce voyage les déductions
auxquelles nous serons conduits par la comparaison
des Flores d'Alten, de Hammerfest, de Mageröe et du
cap Nord.

LISTE DES VÉGÉTAUX CROISSANT SPONTANÉMENT AUTOUR DE L'ALTENFIORD [1].

Lat. 70° 00′ N. Long. 21° 10′ E.

I. DYCOTYLEDONEÆ.

RANUNCULACEÆ. *Thalictrum alpinum*, *T. flavum*. — *Ranunculus
reptans*, **R. acris*, *R. acris* β *alpestris*, *R. hyperboreus* Reichb.,
R. nivalis, *R. pygmœus*, *R. auricomus*, *R. repens*. — *Caltha
palustris*. — ** Trollius europœus.* —*Actœa spicata.*
CRUCIFERÆ. **Cheiranthus alpinus* Lam. — *Barbarea stricta* Fr. —
Arabis hirsuta Scop., ** A. alpina*. — *Cardamine bellidifolia*,
C. pratensis. — *Draba hirta*, **D. incana*.—** Cochlearia offici-
nalis*, *C. anglica*.— *Thlaspi arvense*. — ** Capsella bursa-pastoris*
Mœnch. — *Erysimum hieracifolium*.— *Camelina sativa* Crantz.—
Sinapis arvensis. — *Raphanus raphanistrum*. — *Nasturtium pa-
lustre* DC.

[1] J'ai réuni dans cette liste toutes les plantes recueillies par moi,
dans l'Altenfiord, jointes à celles qui y ont été signalées par
MM. Lund et Blytt en 1841 (*Archiv Scandinavischer Beytraege zur
Naturgeschichte. Erstes Heft,* p. 117. — 1845). — Les plantes marquées d'un astérisque sont déposées au Muséum d'histoire naturelle de Paris. La plupart se trouvent aussi dans les herbiers de
MM. J. Gay, B. Webb et B Delessert. — Les noms des plantes
linnéens ne sont suivis d'aucune initiale d'auteur.

VIOLARIEÆ. *Viola epispila* Ledeb., *V. palustris*, *V. biflora*, *V. canina*, *V. montana*.

DROSERACEÆ. *Drosera rotundifolia*, *D. longifolia.* — *Parnassia palustris.*

CARYOPHYLLEÆ. *Dianthus superbus.* —*Silene inflata* Sm., * *S. maritima*, * *S. acaulis.* —* *Lychnis affinis* Vahl., *L. sylvestris*, * *L. alpina.* — *Sagina procumbens.* —* *Spergula saginoides*, * *S. nodosa*, * *S. arvensis.* — *Stellaria nemorum*, *S. media* With., * *S. humifusa* Rottb., *S. crassifolia* Ehrh., *S. alpestris* Hartm., *S. Friesiana* DC., * *S. graminea.* — *Alsine biflora* Wahlg., *A. hirta* Hartm. —* *Adenarium peploides* Rafin. — *Arenaria norvegica* Gunn.—* *Cerastium alpinum*, * *C. triviale* Link, *C. lanatum* Lam., *C. vulgatum* Wahlg.

GERANIACEÆ. * *Geranium sylvaticum.*

LEGUMINOSÆ. *Anthyllis vulneraria.* — *Trifolium repens.* — *Phaca frigida*, * *P. astragalina* DC., *P. lapponica* Wahlg.—* *Vicia cracca.* — *Pisum maritimum.* — *Lathyrus palustris.*

ROSACEÆ. * *Spiræa ulmaria.* — *Dryas octopetala.* — *Geum rivale.* — *Comarum palustre.* —* *Rubus chamæmorus*, *R. arcticus*, * *R. saxtillis*, * *R. castoreus* Laest., *R. idæus.* — *Fragaria vesca.*—*Potentilla anserina*, *P. alpestris* Hall., *P. nivea*, *P. nivea* β Wahlg., *P. Tormentilla* Scop.—*Sibbaldia procumbens.* — *Alchemilla vulgaris*, *A. alpina.* —* *Sorbus aucuparia.*

ONAGRARIEÆ. * *Epilobium angustifolium*, * *E. alpinum*, *E. origanifolium* Lam., *E. roseum* Fr., *E. palustre*, * *E. spicatum* Lam. — *Circæa alpina.*

HALORAGEÆ. *Hippuris vulgaris.*

TAMARISCINEÆ. * *Myricaria germanica* Desv.

PORTULACEÆ. *Montia fontana.*

CRASSULACEÆ. *Sedum acre*, *S. annuum.* — *Rhodiola rosea.*

GROSSULARIEÆ. * *Ribes rubrum.*

SAXIFRAGEÆ. *Saxifraga nivalis*, *S. stellaris*, *S. stellaris* β *carnosa*, *S. pyramidalis* Lap., *S. aizoides*, *S. oppositifolia*, *S. cernua*, * *S rivularis.* — *S. cæspitosa.*

UMBELLIFERÆ. *Carum carvi.*—*Conioselinum tataricum* Fisch.—*An-*

gelica sylvestris. — *Archangelica officinalis* Hoffm. —*Ligusticum scoticum.*

Cornex. *Cornus suecica.*

Caprifoliacex. *Linnæa borealis.*

Rubiacex. *Rubia tinctorum.* — *Galium boreale, G. trifidum, G. palustre, G. uliginosum, G. triflorum* Mich.

Valerianex. *Valeriana officinalis.*

Compositx. *Apargia autumnalis* Hoffm., *A. autumnalis* β *taraxaci.* — *Taraxacum dens-leonis* Desf. — *Sonchus alpinus, S. oleraceus.* — *Hieracium alpinum, H. alpinum* β *fuliginosum, H. Lawsonii* Sm., *H. murorum, H. murorum* β *sylvaticum,* *H. vulgatum* Fr., *H. boreale* Fr., *H. prenanthoides, H. umbellatum.* — *Crepis tectorum.* — *Lampsana communis.* — *Saussurea alpina.* — *Cirsium heterophyllum* All. —*Gnaphalium norvegicum* Retz, *G. supinum, G. dioicum, G. alpinum.* — *Tussilago farfara, T. frigida.* — *Erigeron uniflorus, E. alpinus,* *E. acris* γ *ruber.* — *Senecio vulgaris.* — *Solidago virga-aurea.* — *Achillæa millefolium.* — *Pyrethrum inodorum.* Sm.

Campanulacex. *Campanula rotundifolia.*

Vacciniex. *Vaccinium vitis-idæa, V. uliginosum, V. myrtillus.* — *Oxycoccus palustris.* — *Empetrum nigrum.*

Ericacex. *Calluna erica* DC. —*Menziezia cœrulea* Wahlg. — *Andromeda hypnoides, A. tetragona, A. polifolia.* — *Arbutus alpina, A. uva-ursi.* — *Chamæledon procumbens* Link. — *Pyrola uniflora,* *P. secunda, P. minor, P. rotundifolia.* — *Rhododendron lapponicum.* Wahlg. — *Ledum palustre.*

Gentianex. *Menyanthes trifoliata.* — *Gentiana serrata* Gunn., *G. involucrata* Rottb., *G. nivalis, G. amarella.*

Polemoniacex. *Polemonium cœruleum.*

Borraginex. *Lithospermum maritimum.* — *Asperugo procumbens.* — *Myosotis sylvatica* Hoffm., *M. arvensis* Hoffm. — *Echinospermum deflexum* Lehm.

Scrophularinex. *Euphrasia officinalis.* — *Bartsia alpina.* — *Rhinanthus minor* Erh. — *Melampyrum pratense, M. sylvaticum.* — *Pedicularis sceptrum-carolinum, P. lapponica.* — *Veronica* *longifolia*, **V. serpyllifolia*, *V. alpina*, **V. saxatilis*, *V. scutellata*, **V. officinalis*.

LABIATÆ. **Galeopsis tetrahit*, *G. versicolor* Curt. —*Lamium purpureum*.

LENTIBULARIEÆ. *Pinguicula vulgaris*, *P. alpina*, *P. villosa*.

PRIMULACEÆ. **Primula Finmarkica* Wahlg., *P. stricta* Hornem.—*Anagallis arvensis.* — *Glaux maritima.* — *Trientalis europæa*.

PUANTAGINEÆ. *Plantago major*, **P. maritima*.

CHENOPODEÆ. *Chenopodium album.* — **Atriplex hastata*.

POLYGONEÆ. *Polygonum persicaria*, *P. viviparum*, *P. aviculare.* — *Oxyria reniformis* Hook. — *Rumex acetosa*, *R. acetosella*, *R. crispus*, **R. domesticus* Hartm.

URTICEÆ. *Urtica dioica*, *U. urens*.

AMENTACEÆ. *Salix pentandra*, *S. glauca*, *S. glauca* γ. *Lapponum* Wahlg. *S. lanata*, **S. arbuscula*, *S. phylicifolia*, *S. nigricans* Sm., *S. Lapponum*, *S. myrsinites*, *S. pyrenaico-norvegica* Fr., **S. reticulata*, *S. herbacea*, *S. hastato-herbacea*, *S. polaris* Whalg.— *Populus tremula.*— *Alnus incana* Wahlg., **A. incana* var. *virescens* Wahlg., *Betula alba* var. *pubescens*, * *B. nana*.

CONIFERÆ. *Juniperus communis.* — * *Pinus sylvestris*.

II. MONOCOTYLEDONEÆ.

ALISMACEÆ. *Triglochin palustre*, *T. maritimum*.

ORCHIDEÆ. *Orchis maculata*, *O. alpina.*—*Gymnadenia conopsea* R. Br.—*Goodyera repens* R. Br.—*Habenaria albida* Rich., *H. viridis* Rich.—*Epipactis latifolia* Sw.— *Listera cordata* R. Br.—*Corallorhiza innata* R. Br.

COLCHICACEÆ. * *Tofieldia borealis*.

LILIACEÆ. *Allium schœnoprasum*.

ASPARAGINEÆ. *Paris quadrifolia.*—*Convallaria maialis*.

JUNCEÆ. *Juncus arcticus* Wild., *J. filiformis*, *J. ustulatus* Hopp., *J. trifidus*, *J. bottnicus*, *J. biglumis*, *J. triglumis.* — *Luzula spicata* DC. *L. campestris* DC., *L. hyperborea* R. Br., *L. arcuata* Sw., *L. glabrata* Hopp., *L. parviflora* Desv., *L. pilosa* Gaud.

Typhaceæ. *Sparganium natans.*

Nayadeæ. *Potamogeton prælongus* Wulf.

Cyperaceæ. *Eriophorum angustifolium* Roth., *E. latifolium* Hopp., *E. vaginatum,* * *E. capitatum* Host., *E. alpinum.* — *Scirpus cæspitosus, S. palustris.* — *Carex dioica, C. capitata, C. pauciflora* Lightf., *C. chordorhiza* Ehrh., * *C. lagopina* Wahlg., *C. norvegica* Wild., *C. glareosa* Whalg., *C. canescens, C. vitilis* Fr., *C. Buxbaumii* Wahlg., * *C. atrata, C. alpina* Sw., *C. maritima* Mull., *C. aquatilis* Wahlg., *C. cæspitosa, C. saxatilis,* **C. flava, C. panicea, C. rariflora* Sm., *C. limosa, C. irrigua* Sm., *C. capillaris, C. pallescens, C. rotundata* Whalg., *C. ampullacea* Good., *C. vesicaria, C. filiformis,* * *C. curvirostra* Hartm.

Gramineæ. *Nardus stricta.* — *Alopecurus geniculatus.* — *Phleum pratense, P. alpinum.* —*Milium effusum.* — *Agrostis canina, A. rupestris* All., *A. vulgaris* With., *A. stolonifera, A. algida* Soland. — *Calamagrostis lanceolata* Roth., *C. halleriana* DC., *C. lapponica* Hartm., *C. strigosa* Hartm., *C. stricta* Beauv., * *C. phragmitoides* Hartm. — *Hierochloa borealis* Roem., *H. alpina* Roem. — * *Avena subspicata* Clairv., *A. cæspitosa,* * *A. flexuosa.* — *Melica nutans.* —*Glyceria aquatica* Wahlg., * *G. distans* Wahlg. — *Poa annua, P. trivialis,* * *P. alpina,* * *P. pratensis, P. flexuosa, P. cæsia, P. nemoralis.* — * *Festuca rubra,* * *F. ovina, F. vivipara.* — * *Elymus arenarius.* — *Triticum repens, T. caninum, T. violaceum.* — * *Hordeum vulgare.*

III. ACOTYLEDONEÆ.

Equisetaceæ. * *Equisetum arvense.*

Musci. * *Bryum cespititium,* * *B. pyriforme* Hedw.—**Ceratodon purpureus.*—* *Didymodon capillaceus* Hedw.

§ XV.

HAMMERFEST.

Lat. 70° 40′ N.; long. 21° 25′ E.

Notre premier séjour à Alten ne fut pas de longue durée, et nous n'osions le prolonger. *La Recherche* était peut-être déjà mouillée dans le port de Hammerfest, et nous avions peur de retarder son départ pour le Spitzberg. Quoique nous eussions la certitude d'y revenir, nous quittâmes à regret la demeure hospitalière de M. Crowe. Un léger bateau norvégien, portant une grande voile carrée, devait nous conduire à Hammerfest. Le temps, le jour perpétuel, le calme, tout favorisait notre navigation. En s'éloignant de l'usine métallurgique, le voyageur qui se dirige vers le Nord, sort du golfe de Kaafiord par une passe étroite; puis, laissant de côté un groupe de petites îles arrondies, semblables à des carènes de navires renversés, il s'engage dans le fiord d'Alten, qui s'étend devant lui comme le bassin d'un grand lac. Ici les sinuosités du rivage sont encore entourées d'une ceinture de Bouleaux peu élevés; quelques Pins rabougris, couchés sur le sol, se montrent encore çà et là sur le sommet des caps. Mais bientôt les arbres disparaissent; le navigateur ne voit plus que des pentes verdoyantes, dont l'herbe touffue descend jusqu'au rivage et marque la ligne des plus hautes marées; ou bien des rochers escarpés qui se dressent autour de lui, et dont

II. 6ᵉ DIV. — *Géographie botanique.*   8

l'image réfléchie dans ces eaux limpides double la hauteur. De loin en loin une légère fumée trahit la hutte d'un Lapon solitaire. Un canot échoué sur la plage, des morues séchant au soleil, suspendues à de longues perches horizontales, quelques filets étendus sur le gazon, annoncent l'habitation d'un pauvre pêcheur norvégien. Cependant, en général, le rivage est désert, et l'âme attristée regrette le paysage animé des contrées que le soleil n'a point déshéritées de sa chaleur vivifiante. Ici tout est immobile et muet. Un calme profond, que le bruissement du feuillage n'a jamais troublé, règne dans ces solitudes; seulement, à de longs intervalles, quelques lourds Eiders, cachés dans une anse solitaire, s'envolent bruyamment et s'éparpillent au loin en glissant sur les eaux; ou bien c'est le bruit d'une cascade écumante qui gronde au milieu des rochers. Pendant quelque temps on entend son fracas monotone; puis tout à coup, au détour de quelque promontoire, il s'éteint brusquement, et n'est plus qu'un murmure lointain qui se perd à son tour dans le silence. Souvent un cap noir se détache de la côte et semble barrer le fond du golfe; mais à mesure que la barque approche, la passe s'ouvre devant elle, et un large bassin la reçoit dans ses eaux tranquilles. Tel est le détroit de Strömen, près de Hammerfest: nos rameurs luttèrent quelque temps contre ses eaux, sans cesse agitées par les courants contraires du large et de l'intérieur du golfe : enfin, il fut franchi. Nous découvrîmes d'abord l'île élevée de Havöe, qui signale aux navigateurs l'entrée du port de

Hammerfest et bientôt nous vîmes la petite ville elle-même, perdue dans le vaste contour de l'un des bassins naturels, les plus spacieux, les plus réguliers et les plus sûrs de l'Europe septentrionale.

Hammerfest est appuyé contre un amphithéâtre de montagnes peu élevées, qui vont en s'abaissant vers l'entrée de la rade. Au fond du golfe, ce cirque est interrompu par une étroite vallée qui mène au pied du Tyvefield, la montagne la plus haute de l'île de Qualöe, sur laquelle la ville est située. Un ruisseau s'échappe de cette vallée, en formant une cascade avant d'arriver à la mer. Les terrasses qui dominent Hammerfest, celles qui entourent le lac, tout prouve que la côte s'est exhaussée et que jadis le lac était la partie la plus reculée de la baie : maintenant il est élevé de quatorze mètres au-dessus du niveau de l'Océan.

Situé à sept myriamètres au nord de Bossekop, Hammerfest n'aurait pas un climat fort différent de celui de l'Altenfiord, sans le voisinage de la pleine mer, dont le port n'est séparé que par l'île de Söröe au N. E., tandis que rien ne l'abrite vers le N. O. Aussi les vents sont-ils beaucoup plus violents, les brumes plus fréquentes, les variations de température plus brusques à Hammerfest qu'à Bossekop. Le Spitzberg excepté, je n'ai vu nulle part des changements aussi subits dans l'aspect du temps. Le ciel est serein, le soleil luit, l'air est calme; tout à coup un léger vent de l'ouest s'élève, entraînant avec lui des légions de nuages; en un clin d'œil, les montagnes et l'île sont

8.

enveloppées dans un brouillard épais, qui se résout souvent en une pluie fine et continue. Le beau temps revient avec la même rapidité; il suffit pour le ramener d'un souffle venu de l'est : à l'instant même les nuages se déchirent, la brume se dissipe, et les montagnes, puis le ciel, se découvrent avec la rapidité d'une décoration de théâtre.

A Hammerfest, toute culture a disparu ; c'est vers le commerce que sont tournés tous les efforts, et c'est par curiosité plutôt que dans un but d'utilité qu'on y cultive un certain nombre de légumes. Quelques-uns y réussissent cependant assez bien ; je donne ici la liste de ceux que j'ai observés dans le jardin de M. Aagaard, riche négociant de la ville. Ce sont des Carottes, du Persil, des Choux, des Choux-raves, des Navets, des Pommes de terre, de l'Oseille, de la Laitue, des Épinards, du Cerfeuil, du Cresson alénois, du *Cochlearia* officinal, du Thym, de la Marjolaine, de la Sarriette et l'*Allium schoenoprasum.* Près de la ville je remarquai de belles prairies que l'on fauche une fois l'an, et des troupeaux de Rennes moitié sauvages paissent librement dans l'île.

On se tromperait si l'on se figurait l'aspect de Hammerfest comme celui d'une ville triste et sombre. La rue principale se compose de belles maisons en bois, neuves et brillantes de propreté ; ce sont les habitations des riches : celles des pauvres, plus basses et plus vieilles, empruntent un charme particulier aux gazons fleuris dont elles sont couvertes. Le toit est formé de grosses mottes de terre, et une foule de plantes y germent et y poussent vigoureusement. En voyant ces jardins aériens, j'ai, pour la première fois, bien compris cette indication de localité, *in tectis*, que l'on trouve si souvent dans les écrits de Linné. C'est, en effet, sur les toits qu'il faut herboriser à Hammerfest, et souvent j'ai emprunté une échelle chez le propriétaire de la maison, pour aller cueillir les plantes qui végétaient autour de sa cheminée. Celles qu'on y trouve le plus souvent sont : *Cochlearia anglica, Lychnis sylvestris, Chrysanthemum inodorum, Draba incana, Thlaspi bursa-pastoris, Poa pratensis* et *P. alpina.* En automne, lorsque les belles fleurs jaunes du Chrysanthème inodore sont largement épanouies au milieu d'un gazon verdoyant, ces prairies suspendues rivalisent de beauté avec celles de nos climats, et donnent à la ville une physionomie riante qui contraste heureusement avec la nature sévère qui l'environne [1].

[1] M. Bravais a noté l'instant de la floraison des plantes suivantes au commencement de l'été de 1839, à Hammerfest. Le 30 mai, *Viola biflora.* — Le 18 juin, *Silene acaulis,* fleuri probablement depuis plusieurs jours. — Le 22 juin, *Dryas octopetala, Lithospermum maritimum, Pedicularis lapponica*; celle-ci déjà avancée. — Le 29 juin, *Thalictrum alpinum, Saxifraga stellaris, S. rivularis, Hieracium alpinum, Bartsia alpina.* — Le 1er juillet, *Potentilla anserina.* — Le 2 juillet, *Saxifraga nivalis, Cerastium alpinum, Habenaria viridis.* Le même observateur a trouvé, le 23 mai, sur le Storvandsfield, montagne qui domine Kaafiord, le *Diapensia lapponica* en fleur, entre 600 et 700 mètres, et le *Silene acaulis* dans le même état à 900 mètres d'élévation.

ASCENSION AU TYVEFIELD.

La corvette était arrivée, mais son séjour ne devait pas être de longue durée. Nous résolûmes, M. Bravais et moi, de faire immédiatement une ascension au Tyve-field, la montagne la plus haute de l'île de Qualöe. En sortant de Hammerfest, nous trouvâmes dans les fossés la *Saxifraga rivularis*, et nous prîmes la température d'une source élevée de quatre mètres au-dessus de la marée basse : elle était de 2°,25, celle de l'air étant 6°,3. Nous montâmes le long d'une cascade, sous laquelle des matelots russes venaient se placer en sortant de leurs bains de vapeur; l'eau était à 4°,4. Dans l'étuve, la vapeur avait probablement une chaleur de 45° au moins : ainsi, en un instant, ces hommes éprouvaient une transition de température de 40°. Arrivés sur les bords du lac, nous y recueillîmes un grand nombre de plantes, parmi lesquelles je citerai seulement : *Diapensia lapponica, Menziezia cœrulea, Dryas octopetala, Silene acaulis, Viola biflora, Saxifraga stellaris, S. oppositifolia, Gentiana involucrata, G. nivalis* et *Chamæledon procumbens,* etc., etc. A l'ouest, ce lac est dominé par une montagne escarpée : ses gradins sont revêtus de petits Bouleaux grêles aux branches rigides dont la taille ne dépasse pas quatre à cinq mètres. A leur pied végètent des Genévriers et des Trembles, qui ne s'élèvent pas à un mètre au-dessus du sol. La limite altitudinale de ces Bouleaux est à 140 mètres au-dessus de la mer. C'est là qu'on trouve les plantes qui craignent l'humidité excessive dont la terre est

abreuvée dans les environs de Hammerfest, telles que :
*Linnœa borealis, Cornus suecica, Pedicularis lapponica,
Hieracium alpinum, Viola riviniana, Bartsia alpina,
Erigeron alpinum, Antennaria dioica*, etc., etc.

Après le premier lac, nous en trouvâmes un second
plus petit, et nous eûmes de la peine à franchir les
nombreux ruisseaux, alimentés par la fonte des neiges,
qui venaient s'y jeter. Nous étions parvenus au pied
du Tyvefield, et nous montions péniblement sur un
sol détrempé recouvert de *Sphagnum* (*S. acutifolium*,
Ehrh., et *S. cuspidatum*, Ehrh.). De nombreuses
souches de Bouleaux s'élevaient à un mètre de terre
et davantage. Quelques-unes n'avaient pas moins de
10 à 20 centimètres de diamètre. C'étaient les restes
d'une antique forêt de Bouleaux, qui, comme on le
voit, avaient atteint les plus belles dimensions ; mais
l'homme ne sait rien ménager. Ces Bouleaux ont été successivement abattus pendant l'hiver, et l'incurie des
Lapons est telle, que, dans un pays où le bois est si rare,
ils coupaient l'arbre au ras de la neige, laissant toute
la portion du tronc qui était au-dessous, comme
un monument de leur imprévoyance. Nous trouvâmes
les derniers de ces troncs à 170 mètres au-dessus de
la mer. Plus haut, le Genévrier, le Bouleau nain, le
Saule herbacé, l'*Azalea* rampant et l'Arbousier des
Alpes déguisaient seuls la nudité de la roche. Bientôt
nous fûmes forcés de gravir quelques pentes de neige,
et, après une heure de montée, depuis la limite des
Bouleaux, nous atteignîmes le sommet.

Un singulier spectacle s'offrit à nos regards. L'île

de Qualöe s'étendait à nos pieds, formant un plateau très-accidenté, semé d'une innombrable quantité de lacs, dont les eaux, se versant des uns dans les autres, descendaient d'étage en étage jusqu'à la mer. Un instant nous crûmes avoir sous les yeux une image de l'état antédiluvien d'une chaîne de montagnes avant que les dernières révolutions lui eussent imprimé son relief actuel. Tout prêtait à l'illusion. Cet archipel, semblable à ceux du monde primitif; ces côtes qui se soulèvent encore de nos jours; cette terre inhabitée; ces neiges si près de la mer, comme à l'époque où d'immenses glaciers couvraient la presqu'île scandinave; ces nuages noirs et bas, sans cesse chassés par les orages; ce soleil qui tournait autour de notre tête, sans se coucher jamais, versant sur la terre sa lumière blafarde et sans chaleur, semblaient appartenir à une époque différente de la nôtre, à une ébauche inachevée du globe terrestre, avant que l'homme parût à sa surface. Qu'on nous pardonne cette hallucination géologique; elle fut de courte durée, car, chez le naturaliste, l'esprit d'observation est sans cesse en éveil, et chasse à l'instant même les créations hardies de l'imagination dont il redoute les écarts.

D'après nos mesures barométriques, le sommet du Tyvefield est à 418 mètres au-dessus de la mer[1]. Le Bouleau nain, l'*Azalea procumbens*, l'*Empetrum*

---

[1] L. de Buch (*Reise nach Norwegen*, t. II, p. 44) avait trouvé 382 mètres.

nigrum avaient rampé jusqu'à la cime. Le Lichen des rennes croissait parmi les rochers, sur lesquels le *Solorina crocea* et l'*Umbilicaria erosa* formaient des taches circulaires noires et jaunes, qui semblaient incrustées dans la pierre. Le vent violent qui régnait sur ce point élevé ne nous permit pas d'y rester long-temps; nous redescendîmes rapidement, en nous laissant glisser le long des pentes de neige, et arrivâmes bientôt au pied du cône terminal. Nous allions redescendre vers le lac, lorsque nous découvrîmes dans un petit vallon latéral un troupeau de rennes. Quelques-uns paissaient, tandis que la plupart étaient couchés et semblaient plongés dans un profond sommeil. Nous nous approchâmes doucement; mais nous fûmes aperçus, et à l'instant la troupe craintive prit la fuite. Un seul renne demeura immobile : c'était un jeune; nous le surprîmes endormi. M. Bravais le chargea sur ses épaules et le rapporta à Hammerfest. Quand nous arrivâmes à bord, la surprise fut grande de nous voir revenir avec cette proie vivante. Le plus rapide des animaux pris à la main parut un fait incroyable; mais il fallut se rendre à l'évidence. Les chasseurs blâmèrent ce procédé déloyal, oubliant qu'ils eussent probablement tiré à bout portant sur l'animal que nous avions conquis sans armes et sans chiens. Le lendemain, nous mîmes à la voile pour le Spitzberg, et le pauvre petit renne fit pendant quelques jours les frais de notre repas.

Comme la précédente, la liste suivante renferme toutes les plantes recueillies par M. Lund et moi aux environs de Hammerfest. Celles que j'ai rapportées et

déposées au Muséum sont marquées d'un astérisque *.
Les noms de plantes linnéens ne sont suivis d'aucune
initiale d'auteur.

LISTE DES VÉGÉTAUX CROISSANT SPONTANÉMENT AUX ENVIRONS
DE HAMMERFEST.

Lat. 70° 40′ N. Long. 21° 25′ E.

I. DICOTYLEDONEÆ

RANUNCULACEÆ. *Thalictrum alpinum.—Ranunculus glacialis, *R.
acris, *R. montanus, R. repens.—*Caltha palustris. —*Trollius
europœus.

CRUCIFERÆ. *Arabis alpina.—*Draba incana.—*Cochlearia officinalis, C. anglica, *C. danica. —*Capsella bursa-pastoris Moench.

VIOLARIEÆ. Viola epispila Led., *V. biflora, *V. riviniana Reichb.,
V. canina. V. montana.

DROSERACEÆ. *Parnassia palustris.

CARYOPHYLLEÆ. Silene maritima, *S. acaulis.—*Lychnis alpina, *L.
sylvestris. — Sagina procumbens. — Spergula saginoides. —
*Stellaria media, S. crassifolia Ehrh., S. alpestris Hartm., S. gra-
minea, *S. uliginosa Sm.—Adenarium peploides Rafin.—*Cerastium alpinum, *C. lanatum Lam., *C. vulgatum Wahlbg.

GERANIACEÆ. Geranium sylvaticum, G. pratense.

LEGUMINOSÆ. *Vicia cracca.

ROSACEÆ. Prunus Padus.—*Spiræa ulmaria.—*Dryas octopetala.—
*Comarum palustre. —*Rubus chamæmorus, R. saxatilis.—Potentilla anserina, *P. nivea var β. Wahlbg., *P. tormentilla Scop.,
*P. salisburgensis Haencke, *P. crocea Lehm.—*Alchemilla vulgaris, *A. alpina. —*Sorbus aucuparia.

ONAGRARIEÆ. Epilobium angustifolium, *E. alpinum, E. origanifolium, E. palustre. E. montannm.

PORTULACEÆ. Montia fontana.

CRASSULACEÆ. Sedum acre, S. annuum. —*Rhodiola rosea.

SAXIFRAGACEÆ. *Saxifraga nivalis, *S. stellaris, *S. aizoides, *S.
oppositifolia, *S. rivularis, *S. cæspitosa.

UMBELLIFERÆ. *Archangelica officinalis* Hoffm. —*Anthriscus sylvestris*, Hoffm. — *Ligusticum scoticum.*

CORNEÆ. **Cornus suecica.*

CAPRIFOLIACEÆ. **Linnnœa borealis.*

COMPOSITÆ. *Taraxacum dens-leonis*, Desf.—**Hieracium alpinum*, **H. murorum, H. vulgatum* Fr., *H. boreale* Fr.—*Saussurea alpina* DC. — *Cirsium heterophyllum* All. — *Gnaphalium norvegicum* Retz, **G.supinum,*G.dioicum.—*Erigeron uniflorum,*E.alpinum.* —*Senecio vulgaris.* — *Solidago virga-aurea.* —**Achillœa millefolium.* —**Pyrethrum inodorum* Sm.

CAMPANULACEÆ. *Campanula rotundifolia,* **C. serpyllifolia.*

VACCINIEÆ. *Vaccinium vitis-idœa*, *V. uliginosum*, **V. myrtillus.*— **Empetrum nigrum.*

ERICACEÆ. *Calluna erica* DC. — *Menziezia cœrulea* Wahlg. — *Andromeda polifolia.* — *Arctostaphylos alpina* Spr. — **Diapensia lapponica.*— *Chamœledon procumbens* Link. — *Pyrola secunda, P. minor.*

GENTIANEÆ. *Menyanthes trifoliata.*—**Gentiana serrata* Gunn., **G.* *involucrata* Rottb. , **G. nivalis.*

BORRAGINEÆ. *Lithospermum maritimum.*

SCROPHULARINEÆ. **Euphrasia officinalis,* **E. minima* Jacq.—**Bartsia alpina.*—**Rhinanthus minor* Ehrh.—**Melampyrum pratense.* —**Pedicularis lapponica.* —*Veronica alpina.*

LENTIBULARIEÆ. *Pinguicula vulgaris.*

PRIMULACEÆ. *Trientalis europœa.*

PLANTAGINEÆ. *Plantago maritima.*

CHENOPODEÆ. *Atriplex hastata.*

POLYGONEÆ. **Polygonum viviparum,* **P. aviculare.* — *Oxyria reniformis* Hook. —**Rumex acetosa,* **R. acetosella,* *R. domesticus* Hartm.

URTICEÆ. **Urtica urens.*

AMENTACEÆ. *Salix glauca, S. lanata, S. hastata, S. phylicifolia, S. nigricans* Sm., *S. caprea,*S. Lapponum, S. myrsinites,*S. reticulata,*S. herbacea,*S. polaris* Wahlbg.—**Populus tremula.-* **Betula alba* var. *pubescens,* **B. nana.*

Coniferæ. *Juniperus communis.

II. MONOCOTYLEDONEÆ.

Juncagineæ. *Triglochin palustre.

Orchideæ. Orchis maculata. — Habenaria viridis Rich.

Colchicaceæ. Tofieldia borealis Wahlbg.

Liliaceæ. Allium schœnoprasum.

Junceæ. Juncus filiformis, *J. trifidus, *J. biglumis, J. triglumis.—
*Luzula spicata DC., L. campestris DC., L. hyperborea R. Br.,
L. glabrata Hopp, L. parviflora Desv., L. pilosa Gaud.

Cyperaceæ. *Eriophorum angustifolium Roth., *E. capitatum Host,
*E. vaginatum.—Scirpus cæspitosus, S. palustris.—Carex dioica,
C. lagopina Wahlg., C. canescens, C. vitilis Fr., *C. incurva Light.,
C. Buxbaumii Wahlbg., *C. atrata, C. alpina Sw., *C. saxatilis,
C. panicea, C. rariflora Sm., C. irrigua Sm., C. capillaris, C. ro-
tundata Wahlg., C. ampullacea Good., C. vesicaria.

Gramineæ. *Nardus stricta.—*Phleum alpinum.—Agrostis rupestris
All., A. vulgaris With. — Calamagrostis lanceolata Roth., C.
lapponica Hartm. — Avena subspicata Clairv., A. cæspitosa,
A. flexuosa.—Poa annua, P. trivialis, *P. alpina, *P. pratensis,
P. nemoralis.— *Festuca ovina, F. rubra.—*Elymus arenarius.

III. ACOTYLEDONEÆ [1].

Equisetaceæ. *Equisetum arvense.

Filices. Aspidium filix-mas. Sw.

Lycopodiaceæ. *Lycopodium Selago, L. clavatum Sw., L. annotinum.

Musci. *Polytrichum alpestre Hopp., *P. alpinum, *P. juniperinum
Hedw. — *Bartramia ithyphylla Brid.— *Bryum cespititium, B.
pyriforme.—Hypnum Schreberi Wild.—Trichostomum fasciculare
Hedw.— Dicranum scoparium Hedw. — D. longifolium Hedw.,
D. elongatum Hedw. —Didymodon distichum Brid., D. capilla-

---

[1] J'ai ajouté à cette liste les Cryptogames citées aux environs
de Hammerfest dans Parry's narrative of an attempt to reach the
north pole in the year 1827, Appendix, p. 208.

ceum. — *Ceratodon purpureum Brid. —*Sphagnum acutifolium Ehrh., *S. cuspidatum Ehrh.

Hepaticæ. Jungermannia barbata Hook., J. ciliaris Hook.

Lichenes. *Cetraria islandica Ach. *C. nivalis Ach. — Cladonia cornucopioides Fr., *C. cornuta Fr.—*Solorina crocea Ach.—*Umbilicaria erosa Hofm., *U. cylindrica Hofm. — Nephroma polaris Ach. — Parmelia omphalodes Ach. — Cenomyce pyxidata Ach., C. digitata Ach., C. coccifera Ach., C. bellidiflora Ach., C. cemocyna Ach. C. rangiferina Ach. — Stereocaulon paschale Ach. — Sphærophoron fragile Ach.

§ XVI.

VOYAGE AU CAP NORD.

Lat. 71° 12′ N. Long. 23° 30′ E.

C'est le 13 août 1838 que je partis de Hammerfest pour aller au cap Nord. Deux embarcations contenaient la plupart des officiers de la corvette et les membres français ou étrangers de la commission scientifique. En sortant du port, nous entrâmes immédiatement dans le large canal compris entre les îles de Qualöe et de Söröe, et nous ne tardâmes pas à nous trouver presqu'en pleine mer. L'air était calme, et même trop calme, car nous n'avancions qu'à force de rames ; et tandis que la légère barque norvégienne glissait sur les eaux, la lourde chaloupe de la corvette avait peine à la suivre. Le soir, nous débarquâmes à Rolfsöe. C'est une île habitée seulement par quelques pêcheurs. Nous y passâmes quelques heures pour laisser reposer les rameurs fatigués et j'eus le temps de recueillir quelques plantes, parmi lesquelles quatre sont intéressantes, en ce qu'elles atteignent ici leur limite septentrionale (lat. 70° 67'); car elles ne se trouvent plus au cap Nord; ce sont : *Hieracium pilosella*, β. *incana* DC., *Aspidium spinulosum* Sw., *Polemonium cœruleum* L. et *Festuca Eskia* Ram. La première est une des plantes les plus communes sur les pelouses de l'Europe centrale; la seconde vient dans tous les bois humides; la troisième est boréale et alpine tout à la fois, car je l'ai trouvée en abondance au passage de l'Albula, dans les Grisons, à 2340 mètres au-dessus de la mer, et elle n'est pas rare autour des chalets de ce canton [1]. Enfin, *Festuca Eskia* a été signalée par Ramond comme abondante au sommet du Pic du Midi, dans les Pyrénées, à 2875 mètres au-dessus de la mer [2]. Ainsi, même quand il s'agit d'un petit nombre d'espèces, la loi se confirme toujours, et nous voyons s'arrêter en même temps dans leur marche vers le nord les plantes banales de nos plaines, et les végétaux hardis qui se plaisent sur les sommets les plus élevés de l'Europe.

En quittant Rolfsöe, nous nous dirigeâmes vers l'est pour traverser le Havöesund, étroit chenal qui sépare l'île de Havöe de la dernière pointe du continent européen. Un marchand, M. Ulich, qui fait un

---

[1] Moritzi, Die Pflanzen Graubündens. *Neue Denckschriften der schweizerischen Gesellschaft für die gesammten Naturwissenschaften*, t. III, p. 98. 1835.

[2] *État de la végétation au sommet du Pic du Midi de Bagnères*, p. 39.

commerce étendu avec les pêcheurs russes et norvégiens, demeure seul sur cette île solitaire. Sa maison, blanche avec des contrevents verts, est entou-
rée de prairies et assise sur une petite éminence qui
domine le rivage. De nombreux magasins bordent
la mer, et les navires viennent y débarquer leur
poisson et prendre en échange des denrées de toute
sorte. A l'entrée du détroit se trouve une jolie église,
où des prédicateurs ambulants célèbrent le culte lu-
thérien pour les habitants d'alentour. Ceux-ci viennent
en bateau des points les plus éloignés de l'archipel,
pour assister à l'office divin, causer de leurs affaires,
et, malheureusement aussi, s'enivrer de liqueurs fortes.
Ces églises et ces maisons de marchands, isolées sur
une île éloignée ou sur un promontoire désert, sur-
prennent toujours le voyageur qui visite la Norvége
pour la première fois. On ne comprend pas à quel
commerce peut se livrer un marchand qui habite
la solitude; mais ce marchand est, comme l'église,
le centre commun de ces populations éparses. Les Lapons, pasteurs et nomades, errant pendant l'été sur la
côte et dans les îles voisines, avec leurs troupeaux de
rennes, lui apportent les peaux et les cornes des animaux qu'ils ont sacrifiés pour se nourrir. Des Lapons
sédentaires et pêcheurs, habitant au fond d'un fiord
reculé, où ils vivent du produit de leur pêche, en
vendent le surplus. Les Queens ou métis de Lapons
et de Finlandais, exerçant quelque métier, lui servent
d'ouvriers. Les Russes, qui viennent d'Archangel faire
la pêche dans les eaux du cap Nord et du Spitzberg,

et les Norvégiens qui se livrent à la même industrie, trafiquent avec lui. Ces marchands, dispersés sur les îles de la côte, achètent le poisson en détail, et l'envoient aux négociants de Bergen ou de Hammerfest, qui expédient des cargaisons de morue sèche dans toutes les parties du monde. Le marchand, de son côté, pourvoit à tous les besoins des pauvres populations qui l'environnent ; et souvent, il faut le dire aussi, il encourage leur penchant pour cette liqueur de feu, qui, plus meurtrière que la guerre et la famine, fera disparaître bientôt les derniers Lapons comme elle a déjà détruit les Peaux-Rouges de l'Amérique du Nord.

CLIMAT DE HAVÖE.

Lat. 71° 00′ N. Long. 21° 47′ E.

Dans son voyage au cap Nord, le professeur Parrot s'arrêta plusieurs jours à Havöe pour y faire des observations magnétiques. Il engagea M. Ulich à entreprendre une série météorologique, afin de faire connaître le climat si intéressant de cette localité. M. Ulich se prêta volontiers aux désirs du savant voyageur, et nous possédons une série d'observations diurnes du baromètre et du thermomètre, correspondantes à l'heure de midi, et qui va du 21 septembre 1837 au 17 août 1838. Elle comprend par conséquent près d'un an. Pour déduire la température moyenne de celle de midi, j'ai eu recours aux diverses séries contenues dans le volume consacré à la météorologie. Voici le tableau de ces températures :

TEMPÉRATURES DE HAVÖE.

Latitude 71° 0′ N. Longitude 21° 47′ E.

ANNÉES ET MOIS.	MOYENNE MENSUELLE.	MAXIMUM ABSOLU.	MINIMUM ABSOLU.
1837. SEPTEMBRE.	1,67°	»	»
OCTOBRE.	0,55	6,1°	— 4,0°
NOVEMBRE.	— 0,29	6,2	— 6,3
DÉCEMBRE.	— 6,46	5,6	— 12,6
1838. JANVIER.	— 8,29	4,3	— 11,9
FÉVRIER.	— 9,88	— 3,8	— 14,4
MARS.	— 8,59	4,9	— 13,8
AVRIL.	— 4,10	8,7	— 12,0
MAI.	— 1,43	7,5	— 5,7
JUIN.	3,10	11,2	0,6
JUILLET.	3,50	15,6	2,5
AOUT.	7,01	»	»
Moyennes.	—1,93	6,6	— 8,8

Si nous résumons le tableau précédent, nous trouvons pour l'expression de la température de Havöe dans les diverses saisons, déduite d'une année d'observations, les nombres suivants [1] :

TEMPÉRATURES SAISONNIÈRES MOYENNES A HAVÖE.

Hiver..........	—8°,21	Été.............	4°,54
Printemps......	— 4 ,71	Automne..........	1 ,93

[1] Les corrections ont été faites de la manière suivante. Pour le

II. 6ᵉ DIV. — *Géographie botanique.* 9

Wahlenberg nous a transmis les moyennes de Kielvig, déduites aussi d'une année seulement. Ce village de pêcheurs est situé sur l'île de Mageröe, voisine de Havöe, à une minute latitudinale plus au nord, et à 2° 43' dans l'est. Voici ses nombres :

mois de septembre 1837, j'ai comparé la moyenne *vraie*, déduite des observations horaires ou bihoraires de Bossekop, pendant les douze derniers jours de septembre 1838, avec la moyenne de midi de la même période. Pour les mois d'octobre, novembre, décembre, janvier, février et mars, j'ai comparé la moyenne vraie de chaque mois [1] avec la moyenne de midi. Pour le mois d'avril, j'ai comparé la moyenne de midi avec la demi-somme des températures de 8ʰ du matin et 8ʰ du soir. J'ai utilisé, pour trouver le coefficient de juillet, la série trihoraire des vingt derniers jours de juillet 1839, faite à Hammerfest par M. Bravais [2], et pour le mois d'août, celle des dix-sept derniers jours de ce mois, faites à bord de *la Recherche* en 1838, au mouillage de Hammerfest. Quant aux coefficients de mai et de juin, je les ai déduits par interpolation de ceux d'avril et de juillet [3]. Voici la valeur de ces corrections pour chaque mois :

CORRECTIONS MENSUELLES POUR RAMENER LA MOYENNE DE MIDI
A LA MOYENNE DIURNE A HAVÖE.

Janvier	— 0°,06	Juillet	— 1°,00
Février	— 1 ,03	Août	— 1 ,38
Mars	— 3 ,34	Septembre	— 2 ,27
Avril	— 2 ,95	Octobre	— 1 ,05
Mai	— 2 ,30	Novembre	— 0 ,06
Juin	— 1 ,65	Décembre	— 0 ,06

[1] Voy. la Météorologie *des Voyages de la Commission du Nord*, t. I, p. 279 et 421.

[2] *Ibid.*, p. 454.

[3] *Ibid.*, p. 50.

TEMPÉRATURES SAISONNIÈRES MOYENNES A KIELVIG [1].

Hiver.........	— 4°,6	Été...........	6°,4
Printemps......	— 1 ,3	Automne.......	— 0 ,1

En réunissant ces deux années, nous en déduirons pour la température moyenne des îles situées sous le 71e, à l'extrémité septentrionale de la presqu'île scandinave, le nombre — 0°,76, qui tend à rapprocher un peu de l'équateur l'isotherme de zéro, et à lui faire couper ce méridien par 70° 23′ de latitude.

Ce climat appartient essentiellement à la classe des climats insulaires, puisque la différence entre l'hiver et l'été s'élève à 11°,8 seulement. En Europe, on n'en trouve de semblables qu'aux Feröe, aux Shetland et sur les côtes des îles britanniques. Il est en même temps extraordinairement doux eu égard à la latitude : aussi est-ce précisément sous le méridien du cap Nord que se trouve le point le plus rapproché du pôle boréal de la courbe isotherme de zéro. Deux exemples rendront cette vérité évidente. A la Nouvelle-Zemble, à 31° longitudinaux dans l'est, les moyennes de l'année des saisons et des mois extrêmes sont les suivantes :

TEMPÉRATURES MOYENNES A LA NOUVELLE-ZEMBLE. Lat. 70° 37′ N. Long. 55° 27′ E.	
Année	— 9° 5
Hiver	— 16,0
Printemps	— 15,9
Été..................	2,0
Automne	— 7,9
Mars.................	— 23,7
Août.................	3,1

[1] *Flora lapponica*, p. XLIV, et Kaemtz, *Cours complet de Météorologie*, p. 176.

Dans l'ouest, même abaissement des isothermes vers l'équateur, comme le démontrent les observations faites à l'île Ingloolik, dans l'Amérique septentrionale, par Parry, pendant près d'une année. Or l'île Ingloolik est, par rapport à Kielvig, à 108° longitudinaux dans l'ouest, et à moins d'un degré latitudinal vers le sud. Voici les moyennes observées par Parry :

TEMPÉRATURES MOYENNES A L'ILE INGLOOLIK. Lat. 69° 19'. Long. 83° 23' O.		
	Année	—16° 6
	Hiver	—29,7
	Printemps	—16,8
	Été	1,7
	Automne	—14,0
	Décembre	—33,5
	Juillet	3,9

Ces deux tableaux suffisent pour faire voir que la contrée que nous étudions jouit à la fois du climat le plus doux et le plus égal qui existe sous cette latitude dans tout l'hémisphère boréal.

M. Ulich n'avait rien négligé pour embellir sa solitude ; il cultivait un petit jardin, où il me montra des Choux frisés, des Choux-raves fort beaux, des Pois qui avaient trois décimètres d'élévation, et donnent quelquefois des gousses mangeables, des Carottes, dont les racines atteignent la grosseur de l'index, des Betteraves qui acquièrent le même volume, des Laitues, du Cresson et des Choux-fleurs qui réussissent tous les six ans environ.

En face de la maison s'élevait un promontoire, le plus avancé du continent européen. J'y montai pour

en étudier la végétation et y reconnus un grand nombre
de plantes des environs de Hammerfest, des Bouleaux blancs rabougris, le Bouleau nain en abondance, et quelques bouquets du Saule des Lapons
(*Salix Lapponum*, L.). Au sommet, à 3i6 mètres au-
dessus de la mer, s'élevait un signal circulaire, formé
de pierres entassées et qui ressemblait à la base d'une
tour. Les plantes phanérogames avaient disparu de
ce cap battu sans cesse par les vents qui viennent l'as-
saillir librement de tous les points de l'horizon. Mais
la terre était littéralement blanche de Lichens : ils
avaient envahi tout le terrain, et même les branches
desséchées des arbustes qui avaient vainement essayé
de s'y établir; c'étaient *Parmelia tatarea*, Ach., et
Evernia ochroleuca, c *sarmentosa*, Fr. Cet aspect me
rappela le beau tableau par lequel Linné termine les
prolégomènes de la Flore de sa Laponie. « *Calidissi-
mas orbis partes regit Palmarum familia ; terras cali-
das incolunt frutescentes plantarum gentes; australes
Europæ plagas numerosa ornat herbarum corona; Bel-
gium Daniamque graminum occupant copiæ ; Sueciam
Muscorum agmina; ultimam vero frigidissimamque
Lapponiam pallidæ Algæ, præsertim* ALBI LICHENES.
En ultimum vegetationis gradum in terrá ultimá[1] ! »

---

[1] La dynastie des Palmiers règne sur les parties les plus chaudes
du globe; les zones tropicales sont habitées par des végétaux fru-
tescents. Une riche couronne de plantes entoure les plages de
l'Europe méridionale; des troupes vertes de Graminées occupent
la Hollande et le Danemark ; de nombreuses tribus de Mousses se
sont cantonnées dans la Suède : mais ce sont des Algues blafardes

LE CAP NORD.

Lat. 71° 10′ E. Long. 23° 30′ N.

En sortant du détroit de Havöe, nous passâmes près d'une île peu élevée, la verte Maasöe, autrefois habitée, maintenant déserte, et nous allâmes coucher le soir dans une petite baie de l'île Mageröe, appelée Giestvär, où demeurent un pauvre marchand et quelques pêcheurs. Nous y passâmes une partie de la nuit, et repartîmes le lendemain pour le cap Nord. Nous découvrîmes bientôt les Stappen, noirs écueils qui s'élèvent comme des tours du sein des flots. De nombreux oiseaux de mer, des Mouettes, des Goëlands, des Stercoraires volaient à l'entour : ces derniers, vrais forbans de l'air, font la chasse aux oiseaux plus faibles qu'eux, les forcent à rendre gorge et à rejeter le poisson et les crustacés dont ils se sont nourris. Au moment où l'animal vaincu les laisse échapper, le Stercoraire se précipite sur cette proie dégoûtante, et la saisit avant qu'elle tombe à la mer. Plusieurs fois nous fûmes témoins de ces combats, où la victime semble payer un tribut pour échapper aux importunités d'un mendiant importun. Cependant le vent fraîchissait et soulevait les vagues de l'océan Glacial : cette mer houleuse et tourmentée nous annonçait

ou de blancs Lichens qui végètent seuls dans la froide Laponie, la plus reculée des terres habitables. Les derniers des végétaux couvrent la dernière des terres !

le voisinage de ce promontoire redouté des navigateurs, qu'on nomme le cap Nord, et qu'on pourrait appeler aussi le cap des Tempêtes. En effet, dans ces parages, jamais la mer n'est tranquille, même dans les temps les plus calmes, car les houles de toutes les tempêtes engendrées sur l'Atlantique, l'océan Glacial et la mer Blanche, viennent expirer au pied de cette jetée qui s'avance dans l'océan, entre les vastes continents de l'Amérique et de l'Asie septentrionales. Le vent contraire nous forçait à louvoyer, et longtemps nous eûmes sous les yeux le spectacle imposant et sévère de cette masse de rochers. Allongée comme une proue de navire, elle semble aller au-devant des flots impuissants de la mer qui se brisent contre elle depuis l'origine des âges. Enfin, nous courûmes une dernière bordée, et vînmes mouiller à l'est du cap Nord, dans une petite baie, à laquelle sa forme a fait donner le nom de baie de la Corne, *Hornvig*.

Combien je fus agréablement surpris, en descendant à terre, de me trouver au milieu de la plus riche prairie subalpine qu'il soit possible de voir! L'herbe, haute et touffue, me venait aux genoux; et je retrouvais à l'extrémité de l'Europe les fleurs que j'avais admirées si souvent au pied des Alpes de la Suisse : c'étaient elles, aussi vigoureuses, aussi brillantes, et plus grandes que dans leurs montagnes. *Trollius europœus, Bartsia alpina, Archangelica officinalis, Alchemilla alpina, A. vulgaris, Geranium sylvaticum, Viola biflora, Hieracium alpinum, Oxyria reniformis, Arabis alpina, Polygonum viviparum, Myosotis sylva-*

tica, Phleum alpinum, Poa alpina. A droite s'élevait la masse imposante du cap Nord, noire, escarpée, inaccessible; devant nous se déroulait une pente roide, mais verdoyante, qui permettait d'atteindre le sommet en contournant la base de la montagne. C'est par là que nous montâmes. Je recueillais avec ardeur toutes les plantes qui s'offraient à ma vue; il me semblait qu'elles avaient un intérêt particulier, comme étant pour ainsi dire les plus robustes et les plus aventureuses de toutes leurs sœurs européennes. Je me plaisais à retrouver parmi elles des végétaux des environs de Paris; ils me semblaient dépaysés, comme moi, sur ce noir rocher, battu par les flots. J'étais tenté de leur demander pourquoi elles avaient quitté les lisières des champs cultivés et les ombrages paisibles des bois de Meudon, où elles recevaient les hommages des botanistes parisiens, pour vivre tristement parmi des étrangers; c'étaient : *Spiræa ulmaria, Cerastium arvense, Capsella bursa-pastoris, Veronica serpyllifolia, Taraxacum dens-leonis, Solidago virga-aurea, Rumex acetosa, Chærophyllum sylvestre, Parnassia palustris, Anthoxanthum odoratum.* Néanmoins les plantes boréales ou alpines étaient en majorité sur ces pentes. J'y trouvai : *Rhodiola rosea, Ranunculus polyanthemos, Lychnis sylvestris, Thalictrum alpinum, Pedicularis lapponica, Draba incana, Salix reticulata, S. lanata, Saussurea alpina, Cornus suecica, Gentiana nivalis, Saxifraga, S. cernua, aizoides, Potentilla nivea, Luzula spicata, Carex lagopina,* Wahlg., *C. atrata, Poa nemoralis* var. *glauca, Festuca dumetorum* et *Umbilicaria proboscidea* var. *arctica,* Ach.

Le sommet du cap Nord forme un plateau allongé, nu, dépouillé, parsemé de flaques d'eau. Vers l'intérieur des terres, ce sont des plans successifs de montagnes uniformes, peu accidentées, séparées par des lacs; tout est froid, immobile, désolé. Tandis que le calme régnait dans la belle prairie que j'ai décrite, un vent du nord furieux balayait le plateau du cap et nous empêchait de marcher. Nous avançâmes néanmoins, et parvînmes jusqu'à l'extrémité. Jamais je n'oublierai la sombre grandeur du spectacle qui s'offrit à nos yeux. Devant nous s'étendait l'océan Glacial, dont les limites sont au pôle, s'agitant au-dessous d'une couche épaisse de nuages qui semblaient peser sur lui; à gauche, une pointe de terre, longue et basse, bordée d'écume; à droite, quelques îlots sans nom. Quand je m'avançais sur le bord du précipice qui termine le cap, je voyais la mer se briser au pied de l'escarpement à une profondeur de mille pieds au-dessous de moi. De cette hauteur, ces vagues énormes, venues en droite ligne du Groënland, du Spitzberg ou de la Nouvelle-Zemble, ne formaient qu'un petit liséré d'écume, comme feraient les rides d'un petit lac poussées doucement vers le rivage par un souffle de vent.

Le sommet le plus élevé du cap Nord est, d'après mes observations, à 3o8 mètres au-dessus de la mer. Il est surmonté d'un petit rocher sur lequel les voyageurs gravent leur nom. J'y lus avec respect celui de Parrot, célèbre par ses voyages dans les Alpes, l'Ararat et le Caucase. Même ce dernier rocher n'était pas dépourvu de toute végétation; les petites plaques circulaires du *Parmelia saxatilis* var. *omphalodes*, Fr., et de l'*Umbilicaria erosa*, Hofm., noires comme la roche, s'étaient attachées à elle, et une petite mousse microscopique, l'*Orthotrichum floerkianum*, Hornsch., se cachait dans ses fentes. Sur le plateau, il y avait aussi quelques plantes souffreteuses, dépouillées par les vents, couchées sur le sol, ou cherchant un abri derrière les plis du terrain qui pouvaient les protéger contre les rafales continuelles qui balayent le cap Nord. Parmi les arbrisseaux, je trouvai encore: *Betula nana, Salix myrsinites, S. Lapponum, S. polaris, Empetrum nigrum, Chamæledon procumbens.* Les plantes herbacées n'étaient guère plus nombreuses; c'étaient: *Silene acaulis, Diapensia lapponica, Saxifraga oppositifolia, S. stellaris, Gymnostomum intermedium,* Turn., *Desmatodon latifolius,* Brid., *Bartramia ithyphylla,* Brid. Enfin, l'*Evernia ochroleuca* blanchissait les parties sèches du cap Nord de Mageröe, comme celles du promontoire continental qui domine le Havöe-Sund [1].

---

[1] Un botaniste suédois, appelé Deinboll [1], qui a visité le cap Nord en 1822, y a trouvé, outre la plupart des plantes recueillies par moi, les espèces suivantes: *Veronica alpina, Valeriana officinatis, Viola montana, V. palustris, Ligusticum scoticum, Angelica sylvestris, Koenigia islandica, Trientalis europæa, Epilobium angustifolium, E. palustre, E. alpinum, Arbutus alpina, Vaccinium*

[1] *Ars-berättelse om botaniska Arbeten for ar* 1837, af Joh. Em. Wickstroem, p. 609, Stockholm, 1839.

§ XVII.

KIELVIG.

Lat. 71° 6′ N. Long. 64° 30′.

En quittant Hornvig, nous remontâmes dans nos embarcations; et, après avoir doublé la pointe de Helnæs, nous débarquâmes à Kielvig : c'est l'établissement principal de Mageröe. Il y a une église et quelques maisons. Autrefois il y avait des habitants; mais ils ont presque tous déserté, non pas qu'il y eût moins de ressources qu'ailleurs, que la pêche y fût moins productive ou le pâturage moins abondant : nullement; c'est l'ennui seul qui les a chassés. Plusieurs pasteurs qu'on y avait envoyés pour y séjourner, n'ont pu surmonter la mélancolie profonde qui s'était emparée

myrtillus, V. uliginosum, Erica tetralix ? Andromeda polifolia, Menziezia cærulea, Saxifraga cæspitosa, β. groenlandica, S. nivalis, S. rivularis, Lychnis alpina, Arenaria peploides, Stellaria media, S. cerastoides, Cerastium alpinum, Spergula saginoides, Rubus saxatilis, Dryas octopetala, Rannuculus nivalis, R. sulphureus Wahlg, *R. acris, R. auricomus, Euphrasia officinalis, Rhinanthus crista-galli, Cochlearia officinalis, Vicia cracca, Gnaphalium sylvaticum, G. dioicum, G. uliginosum, Carduus heterophyllus,, Erigeron acre, E. uniflorum, Achillæa millifolium, Carex alpina, C. rupestris, C. rotundata, C. Buxbaumii, Juncus arcticus, J. trifidus, J. biglumis, Tofieldia borealis, Agrostis alpina, Calamagrostis lapponica, Aira cæspitosa, A. alpina, A. flexuosa, Milium effusum, Elymus arenarius.* Cette liste, jointe à la mienne, porte au delà de cent le nombre des phanérogames qui croissent autour du dernier promontoire de l'Europe.

d'eux, et succombèrent l'un après l'autre au scorbut.
On comprend, en effet, qu'il faudrait une activité in-
cessante, une grande énergie ou un enthousiasme fort
et durable, pour réagir contre toutes les impressions
de tristesse et de découragement dont l'âme est conti-
nuellement assaillie dans un lieu pareil. Ces noires fa-
laises, cette mer sans cesse agitée, ces nuages de plomb
qui pèsent sur la terre et sur l'eau, ce vent qui
souffle toujours, cette nuit de trois mois pendant
l'hiver, ce jour perpétuel et fatigant pendant l'été,
cet isolement au bout du monde, loin de la famille
humaine, brisent à la longue l'âme la mieux trempée.
C'est après avoir vu ces sombres pays, qu'on jouit
pleinement du bonheur répandu dans l'atmosphère
qui caresse l'Italie; on sent profondément alors que
la lumière et la chaleur sont les biens les plus indis-
pensables, les besoins les plus impérieux de l'homme;
et l'on comprend le vrai sens de l'exclamation du
Napolitain qui, contemplant avec amour son golfe, sa
ville et son Vésuve, scintillant dans l'air diaphane,
s'écrie joyeusement : *Vedi Napoli et poi muori!*

Je recueillis autour de Kielvig presque toutes les
plantes du cap Nord, et de plus : *Achillœa nobilis*,
Pyrethrum inodorum, *Antennaria dioica*, que je n'y
avais pas trouvées. Mais, quelques instants avant notre
départ, M. Lottin fit une découverte botanique, qui
avait au plus haut degré le mérite de l'imprévu. En se
promenant avec moi sur le rivage, il avisa tout à coup,
au milieu des galets, une grosse graine, que je reconnus pour une de celles qui se trouvent dans les

articulations de la gousse du *Mimosa scandens* Sw.
(*Entada gigalobium*, DC.). Cette plante est origi-
naire des Antilles, et ses graines, entraînées par les
eaux du *Gulfstream*, viennent échouer sur les côtes de
Norvège, après un voyage qui comprend 35 degrés
en latitude, et équivaut à un quart de la circonférence
du globe. Les pêcheurs norvégiens, comme ceux des
côtes occidentales de l'Écosse, ramassent ces graines
en assez grand nombre, et leur conservation, après
un aussi long séjour dans la mer, est bien propre à
faire réfléchir les botanistes sur la présence de cer-
tains végétaux dans des régions fort éloignées de leur
lieu d'origine. En effet, un savant anglais s'est assuré
qu'un grand nombre de ces graines n'ont pas perdu
leurs facultés germinatives, et il les a déterminées
par l'analyse des plantes mêmes auxquelles elles ont
donné naissance.

Au bout de quelques heures de relâche, nous quittâmes Kielvig pour continuer à faire le tour de la partie orientale de Mageröe, serrant de près la côte, et
suivant toutes les sinuosités du rivage. Sur un point où
nous touchâmes un instant, et où habitaient quelques
Lapons nomades, je remarquai le Genévrier commun,
l'Ortie (*Urtica dioica*), cette compagne inséparable de
l'homme, et l'*Allium schoenoprasum*. Bientôt nos embarcations s'engagèrent dans l'étroit canal qui sépare
Mageröe du continent. Un soleil radieux illuminait
l'atmosphère; la mer était d'une transparence com-
parable à celle des eaux du Rhône sortant épurées
du lac de Genève, où elles déposent le sable et le

limon dont elles étaient chargées. Nous naviguions au-dessus d'une forêt d'Algues marines, au milieu desquelles circulaient de nombreux poissons. Des myriades d'Oursins tapissaient le fond de la mer, et des Béroés, semblables à de petits aérostats, flottaient suspendus entre deux eaux. Leurs cils vibratiles, disposés en lignes longitudinales le long de leur corps, se coloraient à chaque contraction des plus beaux reflets irisés. Couchés dans nos barques, nous buvions avec avidité cette douce chaleur qui pénétrait nos membres habituellement contractés par le froid, et les sombres souvenirs du cap Nord prêtaient les charmes du contraste au beau temps exceptionnel dont nous jouissions avec tant de bonheur. Nous arrivâmes ainsi à Havöe, où nous passâmes la nuit, et, le lendemain, nous revînmes à Hammerfest; les uns pour retourner en France avec la corvette, les autres pour hiverner à Bossekop, la plupart pour traverser la Laponie, et revenir à Paris par la voie de terre.

FLORE DE L'ILE MAGERÖE [1].

Lat. 71° 00′ N. Long. 23° 00′ E.

I. DICOTYLEDONEÆ.

RANUNCULACEÆ. *Thalictrum alpinum.* —*Ranunculus glacialis*, R. *hyperboreus*, R. *pygmœus*, *R. acris*, *R. polyanthemos*, R. *repens*. — *Caltha palustris.* — * *Trollius europœus.*

---

[1] Les noms des plantes linnéens ne sont suivis d'aucune initiale d'auteur. Les espèces recueillies par moi sont marquées d'un astérisque; les autres ont été signalées par M. Lund.

Cruciferæ. *Arabis alpina, — Cardamine pratensis. — *Draba incana.—Cochlearia officinalis, C. anglica, *C. danica._*Capsella bursa-pastoris Moench.

Violarieæ. *Viola biflora, *V. canina.

Droseraceæ. *Parnassia palustris.

Caryophylleæ. Silene maritima Sm., *S. acaulis.—Lychnis sylvestris, *Lychnis alpina. — Sagina procumbens. — Spergula saginoides. — Stellaria nemorum, S. media, S. crassifolia Ehrh., S. alpestris Hartm., S. graminea. — *Adenarium peploides Rafin. — Cerastium alpinum, *C. arvense β Wahlg., C. lanatum Lam., C. trigynum Vill.

Geraniaceæ. *Geranium sylvaticum.

Leguminosæ. Trifolium repens. — Vicia cracca. — Pisum maritimum.

Rosaceæ. *Spiræa ulmaria. —*Dryas octopetala.—Geum rivale. — Comarum palustre. — Rubus chamæmorus, R. saxatilis. — Potentilla alpestris Hall., *P. nivea β Wahlg. — Sibbaldia procumbens. — Alchemilla vulgaris, A. alpina. — Sorbus aucuparia.

Onagrarieæ. Epilobium angustifolium, E. alpinum, E. origanifolium Lam., E. palustre.

Haloraceæ. Hippuris vulgaris.

Portulaceæ. Montia fontana.

Crassulaceæ. Rhodiola rosea.

Saxifragaceæ. *Saxifraga nivalis, *S. stellaris, *S. aizoides, *S. oppositifolia, *S. cernua, S. rivularis, *S. cæspitosa.

Umbelliferæ. Carum carvi. — *Archangelica officinalis Hoffm. —*Anthriscus sylvestris Hoffm. – Ligusticum scoticum.

Corneæ. *Cornus suecica.

Caprifoliaceæ. Linnæa borealis.

Valerianeæ. Valeriana officinalis.

Compositæ. *Taraxacum dens-leonis Desf. — Sonchus alpinus. — *Hieracium alpinum, H. murorum, H. vulgatum Fr., H. boreale Fr., H. prenanthoides.—*Saussurea alpina DC.—Cirsium heterophyllum. All.—Gnaphalium norvegicum Retz., G. supinum, G. dioicum. — Tussilago frigida. — Erigeron uniflorum. — *Solidago *virga-aurea.* — *Achillæa millefolium.* — *Pyrethrum inodorum* Sm.

CAMPANULACEÆ. *Campanula uniflora, C. rotundifolia.*

VACCINIEÆ. *Vaccinium vitis-idæa, V. uliginosum, V. myrtillus.* — *Empetrum nigrum.*

ERICACEÆ. *Calluna erica* DC. — *Andromeda hypnoides, A. polifolia.* — *Arctostaphylos alpina* Spr. — **Diapensia lapponica.*—**Chamæledon procumbens* Link. — *Pyrola minor.*

GENTIANEÆ. *Menyanthes trifoliata.* — *Gentiana involucrata* Rottb, **G. nivalis.*

BORRAGINEÆ. *Lithospermum maritimum* Wahlbg. —**Myosotis sylvatica* Hoffm.

SCROPHULARINEÆ. *Euphrasia officinalis.* — **Bartsia alpina.* —*Rhinanthus minor* Ehrh. — *Melampyrum pratense.* —**Pedicularis lapponica.* — *Veronica alpina.*

LABIATÆ. *Galeopsis tetrahit.*

LENTIBULARIEÆ. *Pinguicula vulgaris.*

PRIMULACEÆ. *Trientalis europæa.*

CHENOPODEÆ. *Atriplex hastata.*

POLYGONEÆ. **Polygonum viviparum.* — **Oxyria reniformis* Hook. — **Rumex acetosa, R. acetosella, R. domesticus* Hartm.

URTICEÆ. *Urtica dioica.*

AMENTACEÆ. *Salix glauca, S. glauca* γ *Lapponum* Wahlg., **S. lanata, S. hastata, S. phylicifolia, *S. Lapponum, *S. myrsinites, *S. reticulata, S. herbacea, *S. polaris* Wahlbg. — *Betula alba* var. *pubescens, *B. nana.*

CONIFERÆ, **Juniperus communis.*

II. MONOCOTYLEDONEÆ.

ORCHIDEÆ. *Orchis maculata.* — *Habenaria viridis* Rich., *H. albida* Rich.

COLCHICACEÆ. *Tofieldia borealis* Wahlbg.

LILIACEÆ. **Allium schœnoprasum.*

JUNCEÆ. *Juncus filiformis, J. trifidus, J. biglumis, J. triglumis.* —

Luzula spicata DC., *L. campestris* DC., *L. hyperborea* R. Br., *L. arcuata* Sw., *L. glabrata* Hopp., *L. parviflora* Desv.

CYPERACEÆ. *Eriophorum angustifolium* Roth., *E. capitatum* Host., *E. vaginatum.*— *Scirpus cæspitosus, S. palustris.*— *Carex dioica, C. incurva* Lighf., *C. lagopina* Wahlg., *C. canescens, C. vitilis* Fr., *C. atrata, C. alpina* Sw., *C. saxatilis, C. flava, C. panicea, C. rariflora* Sm., *C. irrigua* Sm., *C. capillaris, C. rotundata* Wahlbg., *C. ampullacea* Good., *C. vesicaria.*

GRAMINEÆ. *Nardus stricta.* — *Phleum alpinum.* — *Milium effusum.* — *Agrostis canina, A. rupestris* All. — *Calamagrostis lanceolata* Roth., *C. lapponica* Hartm., *C. stricta.* — *Avena subspicata* Clairv., *A. cæspitosa, A. flexuosa.* — *Molinia distans* Hartm. — *Poa annua, P. trivialis, P. alpina, *P. pratensis, *P. nemoralis.*— *Festuca ovina, F. rubra, *F. dumetorum.*—*Elymus arenarius.*—*Triticum caninum.*

III. ACOTYLEDONEÆ.

MUSCI. *Bartramia ithyphylla* Brid.—*Bryum turbinatum* var. *latifolium* Bruch et Schimp. * *Orthotrichum Floerkii* Hornsch.

LICHENES. *Cetraria nivalis* Ach.—*Evernia ochroleuca* var. *sarmentosa* Fr.—*Parmelia saxatilis.* — * *Umbilicaria proboscidea* var. *arctica* Fr.

§ XVIII.

PARALLÈLE ENTRE LA VÉGÉTATION D'ALTEN, DE HAMMERFEST ET DE MAGERÖE.

Quand on réfléchit à la rigueur du climat dans les contrées que nous venons de parcourir en dernier lieu, on est tenté de supposer qu'un grand nombre de

II. 6ᵉ DIV. — *Géographie botanique.*   10

plantes ne doivent pas dépasser Alten, d'autres s'arrêter à Hammerfest, un petit nombre enfin atteindre le cap Nord. Mais il n'en est pas ainsi : la plupart des végétaux qui supportent les hivers d'Alten, supportent aussi bien ceux du cap Nord, qui sont moins rigoureux, et peuvent encore fleurir avec une température estivale plus basse que celle de l'intérieur des terres. Cette circonstance nous explique pourquoi, sur un nombre total de 384 espèces, nous en comptons 145 qui sont communes aux trois Flores d'Alten, de Hammerfest et de Mageröe ; les autres se divisent en plusieurs catégories. Un certain nombre d'espèces ne dépassent pas Alten, parce que les étés de Hammerfest sont trop froids, ou plutôt à cause de la violence des vents de mer qui y règnent toute l'année. Parmi ces végétaux, je citerai d'abord le Pin sylvestre, qui cesse à quelques minutes au nord de Bossekop. Dans le Porsangerfiord, à deux degrés dans l'est de ce comptoir, M. Lund [1] a trouvé sa limite par la latitude de 70° 20′. L'*Alnus incana* est dans le même cas ; il n'existe plus à Hammerfest. Dans le Porsangerfiord, le même observateur a remarqué les derniers individus près de Kistrand, par 70° 27′. Parmi les arbrisseaux qui s'arrêtent au même point, je nommerai : *Salix pentandra* et *S. arbuscula*. Les plantes herbacées, dont le 70e parallèle forme la limite septentrionale sous ce méridien, sont les suivantes :

----

[1] *Archiv Scandinavischer Beytraege zur Naturgeschichte*, t. I, p. 112.

LISTE DES PLANTES DONT L'ALTENFIORD FORME LA LIMITE SEPTENTRIONALE.

Thalictrum flavum, *Ranunculus reptans*, *Barbarea stricta*, *Arabis hirsuta*, *Camelina sativa*, *Sinapis arvensis*, *Drosera rotundifolia*, *D. longifolia*, *Silene inflata*, *Lychnis affinis*, *Spergula arvensis*, *S. nodosa*, *Alsine biflora*, *A. hirta*, *Arenaria norvegica*, *Anthyllis vulneraria*, *Phaca frigida*, *P. lapponica*, *Astragalus alpinus*, *Lathyrus palustris*, *Rubus arcticus*, *Fragaria vesca*, *Potentilla tormentilla*, *Epilobium majus*, *Circœa alpina*, *Myricaria germanica*, *Saxifraga cotyledon*, *Conioselinum tataricum*, *Angelica sylvestris*, *Galium boreale*, *G. palustre*, *G. uliginosum*, *G. triflorum*, *Apargia autumnalis*, *Sonchus sibiricus*, *Hieracium Lawsonii*, *H. umbellatum*, *Crepis tectorum*, *Lampsana communis*, *Tussilago farfara*, *Erigeron acre*, *Oxycoccus palustris*, *Pyrola uniflora*, *P. rotundifolia*, *Ledum palustre*, *Gentiana amarella*, *Asperugo procumbens*, *Myosotis arvensis*, *Echinospermum deflexum*, *Melampyrum sylvaticum*, *Pedicularis sceptrum-carolinum*, *Veronica saxatilis*, *V. officinalis*, *Galeopsis versicolor*, *Pinguicula alpina*, *P. villosa*, *Primula stricta*, *Glaux maritima*, *Plantago major*, *Chenopodium album*, *Polygonum persicaria*, *Orchis conopsea*, *Ophrys alpina*, *Goodyera repens*, *Epipactis latifolia*, *Listera cordata*, *Corallorhiza innata*, *Paris quadrifolia*, *Juncus arcticus*, *J. ustulatus*, *J. bottnicus*, *J. buffonius*, *Sparganium natans*, *Potamogeton prœlongus*, *Eriophorum alpinum*, *Carex capitata*, *C. pauciflora*, *C. chordorhiza*, *C. norvegica*, *C. maritima*, *C. limosa*, *C. pedata*, *C. filiformis*, *Alopecurus geniculatus*, *Phleum pratense*, *Agrostis stolonifera*, *Calamagrostis halleriana*, *C. strigosa*, *Hierochloa borealis*, *H. alpina*, *Melica nutans*, *Poa flexuosa*, *P. cœsia*, *Triticum repens* et *T. violaceum*.

Dans cette liste, nous venons d'énumérer cent espèces qui n'atteignent pas la ville de Hammerfest, et s'arrêtent toutes entre 70° et 70° 30' de latitude.

Un grand nombre d'entre elles ne dépassent guère
la vallée arrosée par l'Alten-elv, ou ne s'aventurent
pas au delà du bassin de l'Altenfiord. Si l'on jette un
coup d'œil sur ce catalogue, on voit qu'il se compose, en grande partie, de plantes qui se trouvent
aussi dans les latitudes moyennes. Les espèces réellement alpines y sont au nombre de dix à douze
seulement. Les plantes boréales proprement dites,
quoiqu'un peu plus nombreuses, sont loin de consti-
tuer la majorité de ces espèces, qui appartiennent
presque toutes à la végétation de l'Europe centrale.
On compte même, parmi elles, près de quarante
espèces qui croissent aux environs de Paris[1]. Ce
dernier fait suffit pour prouver la vérité de ce que
nous avons avancé, savoir, que l'Altenfiord est la
limite d'un grand nombre de plantes originaires des
plaines de l'Europe.

Si nous cherchons maintenant quelles sont les
plantes qui s'arrêtent à Hammerfest par 70° 40′, nous
en trouvons un nombre infiniment plus petit, et cela
se conçoit aisément; le climat de cette ville est essentiellement marin, et fort peu différent de celui de l'île
Mageröe en général et du cap Nord en particulier.
Par conséquent, toute plante à laquelle les étés de
Hammerfest suffiront pour croître et se propager,
atteindra l'île de Mageröe, en traversant les passes
étroites qui la séparent du continent : quelques-unes
s'avancent même jusqu'au cap Nord, où nous avons

____

[1] Voy. Cosson et Germain, *Flore des environs de Paris*, 1845.

signalé, p. 124 et 126, trente espèces des environs de Paris, mêlées à des plantes alpines et boréales. Deux arbres cependant ne franchissent pas le détroit, ce sont : *Populus tremula* et *Prunus padus* ; ce dernier même ne se trouve que près de Qualsund, dans le Repfiord, à dix minutes latitudinales au sud de Hammerfest. L'autre végète encore à l'état rabougri au-dessus du petit lac qui mène au Tyvefield. Parmi les plantes herbacées, *Viola canina*, *Pyrola secunda*, *Triglochin palustre* et *Agrostis vulgaris*, sont les seules qui, se trouvant aux environs de Hammerfest, n'aient point encore été recueillies dans l'île de Mageröe. On conçoit, sans que j'aie bien besoin de le dire, combien il est probable qu'une exploration plus minutieuse de cette île y fera retrouver ces quatre espèces, et ce fait suffit pour confirmer ce que la météorologie nous avait appris sur la ressemblance extrême des climats de Hammerfest, de Havöe, de Kielvig, de toutes les îles, en un mot, qui terminent le continent européen. L'égalité qu'on observe dans le nombre des espèces qui croissent autour de Hammerfest et dans l'île de Mageröe, est une nouvelle preuve de cette ressemblance, et nous montre en même temps qu'une différence d'un degré en latitude influe beaucoup moins sur la végétation que le voisinage de la mer, ou le dessin orographique de la contrée. Les montagnes et la mer, modifiant la direction, la violence et la température des vents, augmentant ou diminuant l'humidité de l'air, changeant le rapport du nombre des jours nuageux, de brouillard, de pluie, de neige et de soleil, métamorphosent complétement un climat, en transformant ceux de ses éléments qui agissent le plus sur la végétation. Tous les pays nous offrent des contrastes de ce genre, qui démontrent de la manière la plus évidente que les circonstances météorologiques dominent toutes les autres dans le grand phénomène de la distribution des espèces à la surface du globe.